爸爸教的数学

谢永红◎著

北京师范大学出版集团
BEIJING NORMAL UNIVERSITY PUBLISHING GROUP
北京师范大学出版社

图书在版编目(CIP)数据

爸爸教的数学 / 谢永红著. —北京：北京师范大
学出版社，2016.8(2020.9重印)
ISBN 978-7-303-20925-5

Ⅰ.①爸⋯　Ⅱ.①谢⋯　Ⅲ.①数学—青少年读物
Ⅳ.①O1-49

中国版本图书馆CIP数据核字(2016)第158829号

营销中心电话　　010-58808083
少儿教育分社　　010-58806648

出版发行：北京师范大学出版社 www.bnupg.com
　　　　　北京市西城区新街口外大街 12-3 号
　　　　　邮政编码：100088
印　　刷：保定市中画美凯印刷有限公司
经　　销：全国新华书店
开　　本：730 mm×980 mm　1/16
印　　张：15
字　　数：245 千字
版　　次：2016 年 8 月第 1 版
印　　次：2020 年 9 月第 3 次印刷
定　　价：35.00 元

策划编辑：谢　影　　　　责任编辑：刘文平　王玲玲
美术编辑：袁　麟　　　　装帧设计：尚视视觉
责任校对：陈　民　　　　责任印制：乔　宇

谨以此书

送给我可爱的女儿

愿你永远快乐健康

序 一

　　谢永红学长是北京大学数学系 83 级的学生，比我高一个年级，由于我们班有几个同学提前一年保送研究生，跟他是研究生同学，所以我们学生时代就认识。2013 年北京大学数学学科百年时成立了数学校友会，永红和我都是数学校友会理事，因此我们接触的机会又多了一些。2016 年 5 月永红告诉我，他把平时给女儿讲的数学故事整理成了一本书，希望我写几句话，我自然就答应了。

　　拿到《爸爸教的数学》这本书的电子版，我爱不释手，两个晚上就看完了，既被书中趣味数学故事吸引，更被永红的拳拳父爱深深感动。

　　数学是人类智力的体操，是每个孩子必须学习的课程，而很多孩子认为数学枯燥无味，学习没有兴趣，家长因此伤透脑筋。《爸爸教的数学》这本书把高深的数学跟日常生活、天文、地理、历史人物等结合起来，编成一些非常有趣的故事，把这些故事讲给孩子听，不仅可以增强孩子们学习数学的兴趣，还可以增加孩子们的知识面。

　　永红学长是北京大学数学系的高才生，数学修养很好，这些故事中涉及的数学有一些是很深奥的，通过他的演绎而变得易懂且有趣，可以说《爸爸教的数学》也是一本高水平的数学科普读物。

　　兴趣可以是天生的，更多的时候是需要培养的。一个人如果对学习有兴趣就很容易学习好，做的事情如果有兴趣，工作再累也不会觉得累。《爸爸教的数学》对培养孩子学习数学的兴趣非常有帮助，不仅适合爸爸们阅读，孩子们也可以自己看，相信大家都会跟我一样喜欢的。

　　数学以简洁为美，《爸爸教的数学》不仅有趣而且很美！

张平文

北京大学数学科学学院教授

中国科学院院士

2016 年 6 月　蓝旗营

序 二
写给孩子和父母们的书

1983 年 9 月，北京大学数学系迎来了来自全国各地的 152 名学子。他们满怀着憧憬和希望，汇聚未名湖畔，寻求知识，探求真理。老谢（本书作者）和我就是这个"83 数学"群体中的两个。我们大学同班四年，私交不错，毕业后，也联系甚密。现在我们都早已做了父亲（老谢有了个宝贝女儿妞妞，我也有了个宝贝儿子亮亮）。当然见面的话题总少不了孩子的教育。

孩子上小学了，特别是三年级后，挑战也就来了。这个挑战居然来自我们钟爱的数学。北京大学数学系毕业的学生（虽然不敢自诩为数学系的高才生，但是成绩绝对不差），居然要接受小学生的数学挑战。不用猜也知道，具体的挑战项目，既不是泛函分析，也不是群论，而是小学奥数。

现在许多奥数题目，我都做不出来。有些题目实在是太偏了，完全超出了孩子们的智力发展水平。它让许多孩子对数学望而生畏，失去兴趣。数学界、教育界有不少著名的教授、学者反对以奥数作为小学生升学、选拔、竞赛的参考依据，认为目前"全民奥数"的做法是完全不可取的。

数学应该是有趣的，学习应该是好玩的，儿童应该是快乐的。为什么有些孩子对数学不感兴趣？甚至对数学有畏惧感？其实最重要的是老师没有把数学的有趣之处挖掘出来，或者是没有针对学生的智力发展水平来进行教学。

我们在北京大学数学系学习期间，先生们给我们展示的是数学的美。推导过程是美的，结论也是美的。每每看到先生们在讲堂上陶醉于数学的美，我们也深受感染。我觉得现在对于孩子们，需要老师展示的是数学的乐趣，而不是数学的困难。

数学，应该是趣味无穷的。为了孩子的健康成长，我在孩子五年级下学期，主动停止了孩子奥数课外班的学习，自己选择合适的内容与孩子共同学

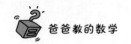

习。老谢却身体力行，努力去改变，亲自设计构思了适合他女儿的趣味数学读物。

在聚会的饭桌上，在香山的鬼见愁，我们经常讨论孩子教育的"愁"事。2007 年 8 月，在毕业 20 年聚会上，老谢抛出了专门为他家妞妞写的一本趣味数学书（当时还未完稿），大家一致认为非常必要，写得很好。我也因此有机会先睹为快，并和我儿子一起分享。

老谢的文章，其实也就是一个个发生在父女间的小故事，从中我们可以感觉到数学原来是如此有趣；又被一个细心尽职的父亲和一个乖巧伶俐的女儿之间的亲情交流深深感动。所以从这个意义上说，这不仅是一本趣味数学书，也是洋溢着浓浓爱意的"爱的教育"。

过不了多久，我们将庆祝毕业三十年，我们的孩子都已上大学。把我们的孩子们读过的好东西成文出版，给更多的孩子们阅读，是件极有意义的事。学习本身就应该是快乐的。还快乐给孩子，我们所有为人父母者都有责任！还原数学本来的乐趣，我们所有数学系的毕业生都有责任！所有教育工作者都有责任！

郭宗明　博士
北京大学计算机科学技术研究所教授
2015 年 4 月燕北园

自　序

我家的孩子小时候对音乐有特别的灵性，不管是手舞足蹈的节奏感，还是摇头晃脑哼哼歌曲的陶醉都证明了这一点。我和她妈妈都以为她会一直这样下去，成为一名音乐家，没想到只是在家里留下了一部簇新的钢琴和她自己对流行歌曲的酷爱。

她还是个小财迷，很小就表现出对钱的敏感和热情。不管是每年的压岁钱，还是平时爷爷奶奶、爸爸妈妈给的零花钱，她都会以极大的热情收藏好，放在自己秘密的地方，即便是她还数不清自己到底有多少钱。照她自己的计划，她将来是要做赚大钱的工作的，其实到底是什么工作她自己也不知道。这一点可能来自她妈妈在银行工作的影响。照爸爸的理解，数学不好恐怕不太好实现这个理想，可像大多数女孩子一样，她并不特别喜欢数学，尤其是到小学高年级之后，而这更像她妈妈。

为激发女儿学习数学的兴趣，于是我写了这本原计划只给她一个人看的趣味数学小故事书。断断续续，一边讲给她听一边写。有时候出差飞机上偶然想到一个好的主题，随手一定要记下线索，回到家里紧赶慢赶完整地写出来，也是一乐。因为博客同时上传发布的缘故，这本书在同龄人中慢慢流传。很欣慰的是许多孩子看过这本书后都觉得有趣好玩，数学兴趣大增。

整理出来的这本书是写给好奇的小学高年级和初中学生课外看的，好玩、易懂又有教益。这些故事都在我家讲过，也在我的亲朋好友之间广泛传播过。它能提高孩子们对数学的兴趣，管中窥豹展示数学的美妙，润物无声引导孩子们开始对数学、对其他自然科学、对人生进行思考和探索。

这本书完全不同于以往的趣味数学书籍。首先，书中大都是真实发生的事情，我们家的食物、孩子的作业、全家的旅行等，和大众熟悉的日常生活没有距离，同时也记录了我家孩子的一段充实的成长岁月。其次，这本书不

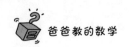

干巴巴地讲数学题目，也不大讲理论，而是用趣味故事的方式把高深的数学，用浅显的语言慢慢讲给孩子听。最后，这本书的内容极为丰富，就数学来讲，覆盖了代数、几何、概率论、博弈论等许多话题，也涉及物理、天文、历史、哲学等有趣的知识。

这本书充满了一位父亲对自己孩子的爱，加上孩子的聪慧话语，构成了一幅动人的景致。这也是作者时时涌上心头的点滴美好记忆。书中的话题是普通小学生接触不到而又极开心智的趣味点。每个话题背后的道理，如果灵慧的孩子愿意深入探究，肯定受益无穷。

假如你有无穷的财富，那么你分给地球上的每一个人，每一个人都会拥有无穷的财富。这是不是很奇妙？这里我们通过博爱之行讲述了高等数学最重要的无穷的概念。

如果你能把一张纸重复折叠64次，它的厚度相当于地球到太阳之间1万多条路的总长度。是不是不可思议？通过这个惊人的事实，孩子们能感知非线性世界的夸张和宇宙的宏大。

假如有一个人是无所不能的，那么他一定可以制造出一个自己都搬不动的石头，对不对？绕得过来的孩子可能真正是逻辑天才。

说起来让人难以置信，数学还能指导孩子们交朋友。如果有人这次对你不友善，下次相似情形你就对她回报不友善；如果别人对你好，你下次也要对别人好。这种做事的原则在社交行为中最为有效！数学家证明了这一点，这样的博弈策略能为你赢得最多朋友、最多友善。

书中还谈到了斐波那契家的兔子如何繁衍形成神秘数列，指向黄金分割；我们的宇宙可能是巨人放的一个爆竹！啊！真的吗？还有孙子点兵、数字黑洞、密码、神秘的太阳系轨道等好玩又新奇的故事。孩子们可以连续看，也可以分开单独看。这些内容以故事呈现，很值得阅读。

这是一本充满爱的书，可以为青少年打开奇妙的数学之门！

目　录

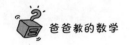
的曲折、海岸线的圆弧海湾，所有这些自然结构都具有不规则形状，它们都是自相似的分形。

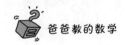

妞妞小心地沿着纸带方向把莫比乌斯带剪成两半，果然像爸爸所说，神奇的事情发生了！它居然还是一条完整的带子，不过是长了一些、卷曲多一圈而已。妞妞惊讶得说不出话，好半天都没有明白到底发生了什么事。

数学恐怕是最美的科学了，慢慢你会领会得更深。

同学们都说有流星的时候要赶快许愿，因为流星是偶然经过的，只有一天到晚都放在心里的愿望才能在这电光火石的一瞬间许出来。这样的愿望，老天才有可能帮你实现。

爸爸，我明天会给你写一封密码信，看你能不能够破译，怎么样？

这些充当通信联络人的纳瓦霍人，就是一部加密机和解密机，他们的语言就是敌人无法理解的密码系统。一般每一位纳瓦霍人都会有一个战士专门保护，一旦有可能被俘虏，这位战士还需要马上杀死纳瓦霍人，以免敌人获得"密码"。

我们的古人在数论方面的成就是世界领先的，这种领先地位直到十八、十九世纪才被大数学家欧拉(1707—1783)和高斯(1777—1855)超过。

"你看，我们只需要思考一下，把工作的顺序排好，别的都不变，就可以快9分钟吃饭！还是很神奇的吧？"

一、快点儿，快点儿

妞妞在上小学四年级，像其他小朋友一样，她是独生女。爸爸在企业工作，妈妈在银行工作。外公外婆都是退休医生，两家人同住在一个小区，互相照顾，十分幸福圆满。

每天早上是大家最忙的时候，一般是妈妈督促妞妞洗漱、整理房间，帮助妞妞梳头，爸爸准备早点，一般是煎鸡蛋、烤面包、热牛奶之类的，有时也做面条，蒸蛋羹，热包子、豆包。外公外婆有时候也过来一起吃早点，不过他们最重要的事情还是送孩子去学校，学校离家五站地，而爸爸妈妈都要走不同的两条路去上班。

妞妞是个聪明的小女生，学习成绩一流，不过她有一个缺点，就是做事比较慢，早上起床慢吞吞的，作业经常也要到晚上十一点才做完。

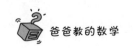

这天早上，眼看就是应该出门的时间了，妞妞刚洗脸刷牙，妈妈在帮睡眼惺忪的妞妞梳头编小辫，早点热气腾腾的放在桌子上还没有吃。

爸爸告诉妞妞时间快到了，应该上学了。妞妞扭头看看大挂钟，一下子就急了。跺着脚带着哭腔说："妈妈，快点！妈妈快点！"

妈妈说："妞妞别哭啊！谁让你赖床的。下回早点起来就好了！"

爸爸心里知道起不来床是因为昨天又是十一点多才爬上床的。把煎鸡蛋用面包片裹好，加入一些酱料，做成三明治，送到妞妞手里，说："你妈妈梳头的同时你就可以用早点，别着急的，梳完头咱们就出发，应该是来得及的。不过咱们不能老是这样匆匆忙忙的，得想办法，晚上咱们商量一下怎么办，好吧？"

这天早上妞妞没有迟到，不过也是踏着铃声进的教室。晚上一家人回来了，像往常一样妞妞兴奋地和爸爸诉说着各种学校的趣事。

说一个同学拿着作业本对小叔叔抱怨作业太多，做都做不完。叔叔年轻气盛，拿着作业本立马潇洒地就给撕了，边撕边说："太多做不完就不做了，就说是家里的小狗给咬烂了！"同学一脸茫然，眼泪直往下掉："叔叔，这是我刚做完的作业啊！"

沉默片刻，一家人同时都笑了。

爸爸说："其实妞妞的作业经常要拖到很晚才做完，不知道妞妞有没有想过是为什么？"

妞妞歪着头稍微想想："因为作业太多啊！"

"是啊，作业确实不少，不过还有一些其他的原因。"爸爸招呼大家吃饭。"妞妞开始写作业时时间就比较晚，如果一回家就开始写，会好得多。不要等到吃完饭，再休息一会儿后开始。"

妞妞点点头。

"再有就是妞妞写作业的时候不能左顾右盼，一大堆零碎事。一会儿喝水，一会儿吃妈妈送来的苹果，一会儿上厕所，一会儿和养的龙猫玩，更加不好的是玩爸爸妈妈的手机，写作业时听音乐。"

妞妞喜欢听音乐，最近还喜欢一边听音乐一边写作业，妈妈说了好几次还偷偷听。

妞妞噘着嘴，不开心。

"写作业时听音乐一心二用，会明显影响作业速度，如果养成习惯，爸爸觉得会更加麻烦。"

妞妞不服气，"哪有什么麻烦？难道老师会来批评我？"

爸爸心里暗笑，"比如，学英语的时候，眼睛耳朵和嘴都是要一致的，可不能眼睛看英语课文，耳朵里听歌啊，你想想看？"

爸爸稍微停了一会儿，"其实最重要的影响是让你思想不集中，一走神就不知道思想飞到哪里去了。"

妞妞稍微思考，"那我什么时候听歌啊？同学们也都喜欢听歌啊！我不会都不知道如何跟他们打招呼。"

"爸爸可以给妞妞买一个MP3，但是只能上学下学在公共汽车上听，学校里也不能拿出来，更不能在教室里听，不然被老师没收爸爸可不管了。"

今天的晚餐有红苋菜、蒜苗、咕咾肉和蘑菇汤。一家人围坐在餐桌前吃饭。

妞妞很开心，因为能有自己的MP3，认真地点头表示同意。

"其实数学方法也能帮助你更快完成任务，这就是运筹学，也叫最优化。"妞妞瞪大眼睛，一口菜都没有送到嘴里。

爸爸从来没有给孩子讲过更深的数学，不过觉得现在是时候了。

"比如，今天早上，你梳头的时候吃早点，而不是梳完头再吃，这样就节省了时间。"

"我在公交车上听音乐是不是也节省了时间？公交车上好多人都在听音乐或是看手机，他们也是节省时间？"

"倒不全是！他们很多是在打发时间，不过妞妞不一样啊！你那么喜欢听歌，每天都得听才开心，这就是一个任务了，所以你是在节省时间。"

"哦。"妞妞表示理解。

"还有更高级的数学方法来解决如何最快最好地完成任务。你想学吗？"

"当然了，我的数学100分呐！"

爸爸说："家里做饭，红苋菜洗干净要8分钟，炒好要4分钟。蒜苗洗净切好要5分钟，炒好上桌要6分钟。准备好肉要11分钟，做好咕咾肉12分钟。最后做汤的材料准备好要5分钟，上火做好汤需要15分钟。妈妈怕油烟只会准备菜不炒菜，爸爸手不小心破皮了不能见水，只炒菜不洗菜。为简单

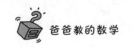

起见，我们假设家里只有一个火眼，米饭可以单独用电饭煲焖。爸爸妈妈怎么做才能在最短时间吃上饭呢？"

妞妞有些抓不住重点，眼神有些茫然。"爸爸妈妈快点做啊！"

"你看，如果按照顺序来做。妈妈收拾红苋菜，爸爸就先等待 8 分钟。洗好了，妈妈再准备蒜苗。爸爸 4 分钟之后，已经做好了第一道菜。可是蒜苗准备需要 5 分钟，爸爸再等 1 分钟。"

	准备菜（分钟）	做菜（分钟）
红苋菜	8	4
蒜苗	5	6
咕咾肉	11	12
汤	5	15

爸爸稍微等了等，让孩子思考一下。

"接下来，蒜苗做好了，可是 6 分钟后肉还没有准备好，爸爸需要再等 5 分钟，因为肉菜准备时间稍长些。等咕咾肉完成，妈妈早就把蘑菇准备好，咱们需要再等待 15 分钟，才能一起吃饭，时间总共是 8＋5＋11＋12＋15＝51 分钟。"

妞妞还是不太明白，爸爸接着说："8 分钟时妈妈洗红苋菜，爸爸等。5 分钟是爸爸完成炒好红苋菜再等 1 分钟，妈妈需要时间准备蒜苗，对吧？"

妞妞点点头。

"11 分钟里面爸爸炒好蒜苗，但是还得等待 5 分钟，因为妈妈准备肉需要 11 分钟。"妞妞频频点头，表示同意。

"再之后，爸爸 12 分钟做完咕咾肉。而妈妈在此期间已经完成蘑菇食材准备，15 分钟后所有菜蔬做好。"

妞妞好像有些明白，"要是先准备蘑菇做汤，会最快，爸爸不用等久。"

"是吗？肯定快了，对吧？因为爸爸不用等那么长时间，但是你怎么能肯定就是最短的呢？有没有更好的安排呢？"

晚饭一结束，爸爸和妞妞就开始研究做菜问题，一个大脑袋和一个梳小辫的小脑袋挤在爸爸书桌前。爸爸拿出一张纸，画了两条线。

一条线是妈妈的时间安排，分别是第一段 8 分钟，第二段 5 分钟，第三段 11 分钟，第四段 5 分钟。

另外一条线是爸爸的时间。第一段 4 分钟，空出 1 分钟。之后是第二段 6 分钟，接 5 分钟空当。第三段 12 分钟和第四段 15 分钟紧跟之后。

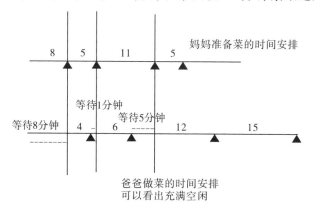

妈妈准备菜的时间安排

等待1分钟
等待5分钟
等待8分钟

爸爸做菜的时间安排
可以看出充满空闲

"你看我们每一段都是取的最大值。第一段妈妈洗菜，爸爸等待，8 分钟。第二段 5 分钟，妈妈洗菜时间长于爸爸做好第一道菜的时间，爸爸等待。第三段 11 分钟，爸爸早就把第二道菜做好了，但妈妈还在准备第三道菜的材料还是需要爸爸等待。"爸爸看着妞妞的眼睛，"这显然不是最好的办法，对吧？"

妞妞说："对呀，妈妈先准备蘑菇就好了。"

爸爸再画两条线。一条代表妈妈准备蘑菇的 5 分钟，此时爸爸等待。"好的。这样的话爸爸只需等待 5 分钟，确实是最短的。我们找到了一个最短的时间，是准备蘑菇的时间。妈妈最先准备蘑菇可以使爸爸的等待时间减少到最短。很正确！妞妞说说妈妈应该准备的下一道菜是哪一道呢？"

妞妞有些懵懵懂懂的，不知从何说起。

"一开始是爸爸等待妈妈准备材料，最后是全家人等待最后一道菜上桌，对不对？如果做最后一道菜的时间最短，是不是也是缩短整个事件了啊？"

"对呀，做汤的 15 分钟，没有充分利用。"

"很好的思考。如果我们把最短时间能炒好的菜放到最后做，就能最大限度地降低等待时间，也就是缩短任务时间，对吗？"

爸爸画了一个 4×3 的格子。第一列写上汤、5、15，第四列写上红苋菜、8、4。"方法就是找到最短的时间，如果是准备菜时间最短，就放在最前面；如果是做菜时间最短，就放在最后面。想一想，是不是很有道理？接下来的蒜苗和咕咾肉其实可以用一样的思维方法来分析。找出最短的时间，如果是

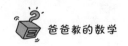
炒菜时间，就放到后面，如果是备菜时间，就放到前面。"

妞妞很认真地想了想，说："就像只有这两道菜，如果先准备肉，11 分钟，肯定爸爸等待的时间长，对吧？这个方法好像很有道理。"

汤	蒜苗	咕咾肉	红苋菜
5	5	11	8
15	6	12	4

爸爸在第二列写下蒜苗、5、6，第三列写下咕咾肉、11、12。然后再画出两条线段。

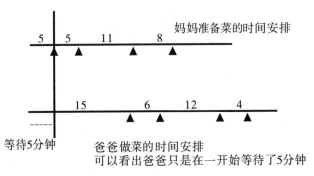

第一段是妈妈的时间安排，5 分钟、5 分钟、11 分钟、8 分钟，中间没有空当。第二条线是爸爸的时间安排。等待 5 分钟后，是 15 分钟、6 分钟、12 分钟和 4 分钟，居然也没有空当等待！总时间是 5＋15＋6＋12＋4＝42 分钟。

"你看，我们只需要思考一下，把工作的顺序排好，别的都不变，就可以快 9 分钟吃饭！还是很神奇的吧？"

"其实我们先做汤还是先做蒜苗，时间是一样的，对吧？"

爸爸非常高兴，这说明妞妞在自己动脑筋思考。"完全正确，这是因为他们准备的时间一样长，而完成一道菜另外一道已经准备好，不会产生等待的时间。妞妞真棒啊！"

爸爸觉得妞妞该去写作业了，于是开始总结。

"这种问题解决的方法就是看所有时间里最短的，如果是第二道工序时间最短就把这件小任务放到最后，如果是第一道工序时间最短就放到最先。这个方法是可以证明的，里面包含非常重要的运筹学知识。不过现在妞妞还小，记住方法就好了。"

　　妞妞点点头，有些兴奋也有些迷惑。爸爸看出来了，接着说："在你每天的学习生活中，运筹的思想会给你巨大的帮助。比如，考试的时候先把容易的题目做完，难题留到最后，以免会做的题没时间做；在公共汽车上等待的时间听喜欢的音乐，回到家里就开始写作业；累的时候休息玩耍，状态好的时候学习，等等。"

　　说到这里，爸爸内心惊叹孩子的成长真的是快，叼奶瓶到处乱跑的小人，现在也开始探究人类智慧的奥秘了。这样的交谈今后应该多一些，系统一些。

　　"如果我们把问题简化为两个程序两道菜，比如，红苋菜和蘑菇汤。准备红苋菜要 8 分钟，炒好它要 4 分钟，蘑菇汤料要准备 5 分钟，做好它要 15 分钟。先做哪道最省时间呢？"

　　"当然是先准备蘑菇！爸爸等的时间最短嘛！"妞妞觉得问题太简单。

　　"对的，你看总体时间是准备第一道菜时间＋做好最后一道菜时间＋准备第二道菜和做好第一道菜两个之中时间最长的，对吧？"

　　妞妞稍作思考，点头表示同意。

　　"所以先做红苋菜后做蘑菇汤的时间就是 8＋15＋5(4，5 两个中较大的)＝28 分钟，而先做蘑菇汤后做红苋菜的时间是 5＋4＋15(15，8 两个中较大的)＝24 分钟。这种问题一般性的解答方法就是四个时间中找出最短的，如果是第二道工序，就把它放到最后，这样最后妈妈等待时间可以最短；如果最短时间是第一道工序，就最先做，这样爸爸等待的时间最短。如果是多个任务多个工序也以此类推，可以得到最优答案。做菜只是爸爸想出来的一个简单问题，在实际的工作中这种问题要复杂得多，比如，制造一种工具需要很多部件，部件的数量不等，同时每个部件制造也需要许多道工序，而每个工序的时间也不一样，在完成工序的设备有限的前提下，如何安排顺序对生产效率是有根本性的影响的。"

　　妞妞好像懂了。"更复杂的题目我还不知道怎么做，不过爸爸妈妈做菜的问题我明白了。"

　　爸爸很高兴，"那我们做一个小练习，好不好？"

　　爸爸看到妞妞点头同意，接着说："肉饼店来了三位饥肠辘辘的顾客，急于要买肉饼去赶火车，限定时间不能超过 16 分钟。几个厨师都无能为力，因为要烙熟一个饼的两面各需要 5 分钟，一口锅一次可放两个饼，那么烙熟三

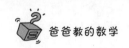

个饼就得 20 分钟。这时来了聪明的小苹果厨师，他说只要 15 分钟就行了。你知道该怎么来烙吗?"

"小苹果厨师!"妞妞嘴里嘟囔着，拿起笔在纸上画了两个圈代表肉饼，慢慢想，嘴里又嘟囔些什么。

"哈，知道了!"妞妞的纸上留下了一长串的圆圈和打了叉的圆圈。"主要是最后的一个饼浪费了时间。最快的做法就是先烙两个肉饼一面 5 分钟，接着只烙一个肉饼的第二面，拿一个新肉饼替下已经烙好一面的肉饼。5 分钟后，烙好一张肉饼，加入第一次烙好一面的肉饼。5 分钟后第二个肉饼和第三个肉饼都烙好了。一共 15 分钟!"

"妞妞好聪明!"爸爸非常高兴，轻轻拍拍孩子的头，"那么留一道小题目你来思考，好不好?"

"好呀，好呀!"妞妞抬起头，看着爸爸很高兴地说。

"有一个农夫，带着一头狼、一头羊和一筐白菜过河。可是船太小，一次只能带一样东西过河，如果他不在的话，狼就要吃羊，羊就要吃白菜，应该怎样过河?"

妞妞咯咯笑出声来，"羊吃菜，狼吃羊，灰太狼和喜羊羊! 让我想想啊!"

"数学最精确了，怎么会说谎？"妞妞瞪大眼睛，一副难以置信的样子。

二、真话与假话

今天妞妞回家不太开心，小脸红红的，噘着小嘴。经爸爸询问，才知道班上有一个淘气男生叫妞妞'小猪叫'，因为数学老师表扬了数学课代表妞妞，说妞妞是她的小助教。

"他下课了就指着我喊'小猪叫'。"妞妞还是一脸的气愤，一脸的不高兴。

"那你告诉老师了吗？"

"老师批评了他，可是他趁老师不在的时候，对着我不出声地说'小猪叫'！我一看他口型就知道他在说什么。"

"那可真是讨厌啊！男孩子有时候就是这样淘气。"爸爸说，"他为什么对你这样不好呢？"

"因为他说谎，抄别人作业，我告诉老师了。"

"那你这样做是对的，他不敢说出声，就是胆怯啊！这种人你不理他，他反而没趣。你越是生气，他反而越来劲，因为他伤害你了，他觉得成功了呀！"

妞妞似懂非懂，爸爸想起自己小时候的种种淘气，不觉嘴角带出一丝笑意。

"爸爸帮我揍他。"妞妞拉拉爸爸的手。

"这可不好，真要揍揍也得告诉他家长，让他家长揍他。"爸爸说，"不过我很好奇你是如何发现他撒谎、抄作业的呢？"

"他上语文课的时候到处找同学借作业，上课就开抄，大家都看见了！抄作业还是好的啦，他晚上回家要去上游泳课，有时候还逼他的同桌写两份作业，自己一个字都不写。同桌家长都到学校来过。"妞妞很气愤。

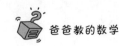

爸爸心里想这是一个体育特长生啊！难怪如此。

晚饭后妞妞坐在自己的小书桌前准备写作业，上次爸爸和她谈过运筹和效率的话题后，她回家第一件事就是写作业。爸爸走过来，想继续今天的话题，也希望孩子刚吃完饭能休息一会儿。

"你知不知道数学也会说谎啊？"爸爸想起来一个有趣的数学话题。

"数学最精确了，怎么会说谎？"妞妞瞪大眼睛，一副难以置信的样子。

"比如说，有一个商人，100块钱进的毛衣，卖200块钱。有人就说他是奸商，赚取一倍的利润。而他自己却说：'生意不好做，衣服能有50%的收益也就勉强能过。'妞妞觉得谁在说谎？"爸爸故意把问题提给小学生，希望她能有所思考。

"好像都对吧！没有说谎啊！"妞妞微微低下头思考，嘴里喃喃说："怎么回事呢？"

爸爸微微笑，"他们说的确实都对，投入100块，拿回来200块，确实是一倍的利润。销售200块，利润100块，毛利润率确实是50%。着眼点不同，一个是指投入产出，一个是算销售利润，说出来的数字就不同，听的人也似乎有不一样的感受，对吧？但是事实却是同一个。你说数学计算在这里是不是有点怪怪的？虽然不是一般意义上的说谎，不过也差不了多少，至少是隐藏曲解了某些事实。"

妞妞点点头，"嗯，听50%的收益还合理，一倍的利润就好像是暴利。"

"有很多这样的例子，尤其是在需要刻意隐藏或曲解某种事实的时候，数字游戏就花样百出了。"这时候爸爸的脑子里闪现出了一句名言，"你首先要掌握事实，然后才可以使劲地歪曲它。"不觉又是一笑。

"数字骗人经常是统计量，如平均数。举一个简单的例子，就像姚明到咱家来，咱家三口加上姚明，平均身高一下子就超过一米八了。"

妞妞对姚明印象深刻，在篮球馆看篮球比赛时看到过小巨人姚明和其他篮球队员们，小小的孩子非常惊讶人能长这么高。

"平均值高了，我们并没有长高啊！"

"是啊，这就可能会用来遮盖修饰某些事实。这样的事情可能会误导部分人的判断，也可能会蒙骗大家一段时间，不过没法长时间欺骗所有人。爸爸再给你讲一个故事。"

爸爸停了一下，喝了口水。

"从前有一个国王，决定要为自己修建一座巨大的宫殿，当他询问臣子这样的工程如果需要增加百姓的赋税，老百姓是不是反对的时候，一位睿智的大臣出了一个妙计。

"'陛下不可能听取天下所有人的意见，不妨让大家吹喇叭来表达自己的意见，哪边的声音大，哪边就是人民的意愿。'

国王觉得这个主意实在是太好了，又简单又明了。

"'让所有希望对国家大事发表意见的人，每人准备一个金喇叭！一旦国家有重大事项需要民众意见，就以哪方声音大来决定！'

"结果可想而知，这个王国只有最富有的那些人才有能力准备一个金喇叭，广大的平民还是对国家大事毫无发言权。该不该加征税赋有钱人说了算，于是穷人越穷，富人越富。"

姐姐听完，觉得挺好玩，听喇叭声音大小做决定，只是金喇叭就不好了，穷人怎么可能买得起，这样就把穷人排除在外了。

"那要是一般喇叭就好了吧？"

"是啊，会好很多，不过还是有连一般喇叭也买不起的人啊！还有不会吹、吹不响喇叭的人呀！总之，增加难度是一种有偏向的抽样，不会得到真实的意见，而这种错误还常常在我们这个世界里发生。"

"是吗？"姐姐不太相信。

"比如，手机电话调查，首先就限定了对象是有手机和有电话的人。其实我们这个世界没有电话、没有手机的人还是很多的。美国历史上一次总统选举就发生过类似的事情。电话调查中某位候选人的支持率很高，但最后却落选了，就是因为有电话的家庭相对富裕，而没有电话的家庭更多、更贫穷，电话调查只调查少数有钱的家庭，当然缺乏完整性、真实性了！"

"我也有一个数字说谎的故事，说给爸爸听吧！"

"太好了，爸爸最喜欢听姐姐的故事！"鼓励孩子讲故事是提高孩子语言能力和沟通交流能力最好的办法。

"游泳健将告诉他爸爸说他是游泳季军，过了一段时间又告诉他爸爸说现在是亚军了！爸爸很高兴，觉得孩子进步很快。不过事实是游泳队就三名受训学员，刚转出去一名同学。"姐姐说完，抿着嘴，微笑望着爸爸。

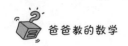

爸爸笑了，觉得孩子在理解这个复杂的世界。

"妞妞讲的故事很有意思，说明妞妞已经开始分辨那些有意识的歪曲了。爸爸最后讲一个问题，然后妞妞开始今天的作业，好吧？"妞妞小手拍了好几下，表示同意。

"飞机飞行有危险，飞机在高高的天空上，一旦出问题掉下来就大大的不妙了。火车在陆地上飞驰，也有危险。比如，脱轨。哪个更危险呢？"

"飞机更可怕。"妞妞脸上露出害怕的神情，"不过飞机上有吃有喝还是不错的。"

"统计表明飞机更安全，按每百亿乘客公里数计算，飞机3人遇难，而火车是9人。如果你出去旅行，坐火车要比坐飞机危险！可是你觉得这个对吗？"

爸爸望着妞妞，妞妞不说话。

"这和我们的直觉是有些矛盾的，也有许多人争辩飞机失事死亡率高等，其实问题并不在此，飞机事故死亡率是比火车高，但是统计时死亡人数一个都没少算啊！实际上飞机完全毁坏，全机人员死亡的事故只占所有飞机事故的一半。问题在哪里呢？问题在时间上，如果我们计算每一亿乘客每小时死亡数就大不一样了。飞机每一亿乘客每小时有24人遇难，火车是7人。旅行者的感知是和时间更加关联。"

妞妞说："同样的事实，不一样的计算就会有完全不一样的结论啊！飞机速度快，用里程计算，事故率就低。火车慢，以时间来计算就显得火车安全。好神奇啊！"

"是啊，最后爸爸给你出一个小思考题。第二次世界大战期间有一个航空专家需要统计出轰炸机机身哪些部位容易被地下的炮火击中，以及各种损害对飞机的致命程度，这样就可以有针对性地加固装甲保证飞机安全。他记录了几乎所有从战场飞回来的飞机被地下炮火击中的部位，机翼机尾密集分布有弹着点。让他有些奇怪的是飞机油箱附件几乎没有看见击中痕迹。你想想这位航空专家应该如何加固飞机？"

三、找规律

网络上流传一张图，据说是香港小学入学测验题。有一组写在地上的数字，数字间都用长长的白线区隔开，每个数字代表一个停车位。数字分别是16，06，68，88，空格，98，问空格中应该是什么数字？

这天是周末，在书房里爸爸就把下面这道题出给姐姐做。

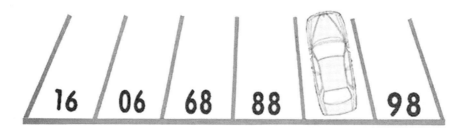

这是香港一所小学某年入学考试题：请问汽车停的是几号？

姐姐知道小学数学课是讲找规律的，不过看见这个题却不知道从哪里下手，加减乘除，甚至平方立方都看不出规律。

"你想想，这是入学儿童的题目，他们不会你说的这些高级计算啊！"爸爸启发姐姐。

"哦，原来是倒过来看啊！86，87，88，89，90，91啊！空格地方是87。"姐姐大声报告自己的发现。

"对！完全正确！找规律是在考验你的洞察力和推断力，如果我们能够对规律敏感，我们就能预测未来哦！"

"那我不是神仙了！前知五百年后知五百年。"姐姐咧开嘴笑，"不过我将来要赚好多好多钱。"

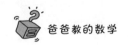

现在的小孩子很早就接触大量的信息，有自己的想法不奇怪，爸爸倒是确实好奇孩子将来会是怎么样。想想自己从一个湖南乡下的顽童，到今天远离家乡在北京成家立业，哪里是当时能想象的？自己小时候最大的梦想就是做一个汽车司机，开大卡车，像公社袁师傅一样，那该多么威风！

"你们课堂上是不是讲过找规律填空的例子啊？"

"对啊，像等差数列、等比数列都讲了，老师说这是一个叫高斯的数学家小时候发明的求和公式，确实是又简单又神奇！"

"像 1，2，4，7，11，（　　），22，29，37，你能找出规律吗？"爸爸写下一列数字。

妞妞托腮凝视，想了好一会儿，突然大声说："我知道了！他们的差是 1，2，3，4，5，既不是等差也不是等比，也不是平方立方，是等差的等差！哈哈，填 16 啊！"妞妞高兴地差不多要手舞足蹈了。

"妞妞太厉害了！再出一个，看你行不行！"爸爸在纸上又写下一串数字：3，49，18，6，36，17，9，25，16，12，16，15，15，9，14，18，（　　），（　　）。

这回妞妞可是有些被难住了，想了好久，草稿纸用了好多也没有看出来是啥规律。

爸爸看妞妞确实困难，就提醒道："把它按三个一组、三个一组看看有什么规律。"

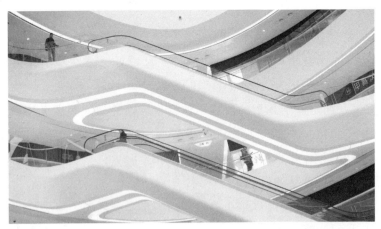

原来如此！妞妞心里感叹。妞妞很快找到了规律，原来是一个三个一组循环排列的数列。第一个是 3 的倍数 3，6，9，12，…；第二个是平方数 49，

36, 25, 16, …；第三个是一个下降的数列 18, 17, 16, 15, …。这样就简单了，括号里的数字应该是 4 和 13。妞妞写下答案，长出一口气说："这个有点难，周期重复规律有时候看不出来。"

"周期规律是我们最需要重视的，人类社会许多重大的事件都可以找到周期规律，比如，工业革命，蒸汽机带来了火车和纺织机械，电气革命带来了灯泡和照明，石油化工带来了塑料、化肥和化纤织品，更近代的电子信息革命带来了拥有互联网、电脑和智能手机的数字世界。这样的技术进步实际上已经是我们这个世界进步的最主要的推动力。每一次都会产生一个蓬勃的新行业，产生伟大的企业家，整个社会的资源包括金钱资本和人员智慧都向这个方向流动。等到你参加工作进入社会的时候一定也有新兴的行业产生，尽管我们现在还不知道是什么，创新的规律总会起作用。掌握社会发展周期律，能让你站得高看得远，知道应该做什么不应该做什么，不犯错不说，也更容易取得成功。"

爸爸一番宏论估计妞妞没听懂多少，不过能明白一点点也是好的！

"数学家会根据已经发生的事情，建立模型来预测未来的事情，这很常见。比如，天气预报，就是根据温度、气压、湿度、空气流动等，使用超级计算机建立非常复杂的数学模型，来预测今后的天气，像是刮风下雨天冷天热。"

"那有什么能预测一个人的命运呢？扑克牌能算命吗？看手相是真的吗？"
爸爸心里想现在的孩子知道的可真多，估计孩子班上也有"半仙"了。

"这些都只是游戏，但是人的命运确实有一些是可预测的。比如，认真学习成绩就好，勤奋坚持一定会有成就。某种程度上个人性格是决定命运的一项重要因素，外界环境，如教育、朋友、机会构成另外的部分。不过很多人不愿意相信这也是命运预测，不愿相信这是一种逃不脱的必然，总想鸡窝里飞出个金凤凰，癞蛤蟆吃到天鹅肉这样的美事、这样的奇迹，却不知道这个世界实际上没有奇迹，只有你不知道的艰辛和苦功夫。"

"爷爷上次就说吃得苦中苦，方为人上人啊，是不是就是这个意思啊？"

"是呀，有的人吃一点苦就哇哇大叫，这样的人不会成就事业的。"爸爸点点头，很欣赏孩子还记得爷爷的话，"不过对未来的预测再聪明的人也经常有犯错误、闹笑话的时候。爸爸给你讲一个故事。"

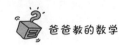

"20 世纪 60 年代，这也是爸爸出生的年代，欧洲 10 个国家中大约 30 名科学家、社会学家、经济学家和计划专家，在罗马召开了会议，成立罗马俱乐部，希望通过对人口、粮食、工业化、污染、资源、贫困、教育等全球性问题的系统研究，提高公众的全球意识，敦促国际组织和各国有关部门采取必要的行动，以使人类摆脱所面临的困境。他们的观点认为人类的未来极为灰暗。"

爸爸等了等，接着说："由于人口繁衍加速，不可抑制的人口增长将会迅速消耗完地球上所有的自然资源，粮食危机即将到来。那时，他们计算出地球上的可耕地面积大约为 33 亿公顷，而 21 世纪地球人口将超过 60 亿，大饥荒不可避免。"

"并且，由于自然资源的不可再生性，比如石油、煤炭等化石资源几乎不可能在人类可认识的时间内再生，地球矿藏金、银、铜、铁、锡等储量有限，越用越少，数十年后必将面临枯竭，之后的人类将面临资源极度短缺、发展乏力等问题。再有就是由于碳排放加剧，地球将产生温室效应，洪水泛滥，殃及人类。"

"总之是灾难即将来临，战争、瘟疫、饥荒马上就要在全球泛滥，人类对此无能为力。"

"他们说的不对吧，爸爸?"姐姐有些害怕，如果是真的，那可如何是好?

"不能说完全不对，不过他们的大多数结论已经被今天的事实所否定。

"比如，现在地球人口超过 70 亿，并没有发生全球性的饥荒，这是因为粮食产量得到提高，人们获得食物的渠道更加多样，石化工业的发展使得不需要种植那么多的棉花，化学纤维提供给了人们更多的衣物纤维来源，粮食种植面积也大大增加。"

"人类发现了许多新的石油储量，发现了新的开采技术使过去不易开采的石油可以高效地被开采出来，比如页岩技术。同时新能源像太阳能、核能、风能、水电等占越来越大的份额，新能源对自然资源的消耗几乎可以忽略。"

人们对于自然矿藏的消耗速度也变缓了，这是由于电子信息技术的高速发展，人们只需要消耗单晶硅就可以完成信息交流，对能量的消耗并没有直线上升。"

姐姐长出了一口气，总算不是真的，不过爸爸接着又说："罗马俱乐部的许多分析和结论还是极有价值的。比如，他们让地球人对环境尤其是温室效应的关注极度增强。他们预期的人口增长和环境资源约束之间的矛盾在某些地方和某段时期还是有明显的影响的，比如，在中国 20 世纪的七八十年代，人口造成的社会问题非常严重。工作、住房、交通甚至幼儿园、小学、初中等资源极度短缺，人们的基本生活要求都得不到保障。这个问题直到今天还在影响中国。"

"所以我的同学们大多都没有兄弟姐妹，我好羡慕有姐姐妹妹的人。"妞妞说。

独生子女确实是有些孤独感，希望她们的下一代能拥有兄弟姐妹，那是一种多么亲密友善而又极为珍贵的情感！

"爸爸可以给妞妞养一只小龙猫，怎么样？"上次孩子在宠物店看到各种宠物，兴奋异常，看看小狗，摸摸小猫，兔子啊、花栗鼠啊个个喜爱得不得了，久久不愿意离开。不过家里实在是不愿意养麻烦的宠物，更加害怕宠物养不好得病或死去，小龙猫或许是一个选择。

"啊！真的呀！太好啦！爸爸太好啦！"妞妞非常高兴，"那我们一会儿就去啊！"

"好啊，我和妈妈已经商量过了。你还想听故事吗？关于股票预测的故事，你不是喜欢赚钱吗，股票可是赚钱的人经常买卖的哦。"爸爸故意逗孩子。

"好吧！"尽管非常希望马上看到小动物，不过故事还是可以听的，何况还是赚钱的股票故事，反正一会儿就去买小龙猫。

"股票的价格变化很快，也常常出人意料，不过也有基本的规律。比如，新购买的资金多，价格上涨；资金流出股市，价格下降，这是供需规律在起

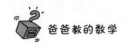

作用，股票就像一般的商品一样，买的人多就贵，卖的人多就降。"

"那为什么买的人多或卖的人多呢？"妞妞问。

"妞妞提了一个非常好的问题。这就取决于人们对于股票价格涨跌的预期了，买涨不买落是一般的行为。而对股票的价格预期取决于一些基本因素，比如宏观经济，也就是国家总体经济形势，再加上行业兴衰和企业的经营状况，而这些都有一些已经发生，是事实和数据可供预测用。"

"那买股票怎么会有人亏钱呢？这不是很明白简单的事情吗？"

"说起来确实是简单，我们的股票从大周期上来看有非常明显的周期规律。比如，上证指数从 2005 年 6 月的约 1 000 点上涨到 2007 年的 6 100 点；2008 年 10 月的 1 600 点上涨到 2009 年 8 月的约 3 500 点。也就是说 2005 年当时的 1 万块钱，2009 年可以是 12 万块，上涨 12 倍，这远大于平均收益率。不过前提是能清晰地分辨出牛市的起点和高点，而这就是几乎不可能的事情了，没有人能做到这一点，当然部分做到这一点也需要极大的智慧。"

"牛市是卖牛的吗？"妞妞似懂非懂，不过看得出十分有兴趣。

"牛市就是股票价格上涨，因为牛眼朝上看，股票下跌就叫熊市，因为熊的眼睛朝下看。是不是很好玩啊？"

"我也喜欢牛！我是属牛的！mie——！"妞妞长长的学了一声牛叫，还夸张地用两只手模拟牛角，边叫边晃动脑袋。

爸爸也笑了，"道理很简单，实践很复杂，这就是股票乃至商业的有趣之处。你觉得涨，他人觉得跌，这就需要看大部分人的判断是什么了，一般人是很难知道大部分人的判断的。现在的互联网大数据技术可以做到这一点。这也是数学。"

"什么是大数据呢？是数据很大吗？"妞妞一脸不懂的样子。

"大数据是指用数学方法，把互联网上收集到的数据进行整理、分类后根据需要回答的问题来做统计。比如，需要知道某只股票大家看涨还是看跌，就需要对网上最新的言论、数据统计做一个判断，也就能看到大家的预期了。不过这个还是可能不准，因为还不能完全判断实际交易时资金的流进流出总量。"

"挺好玩的，可以用电脑自动买卖股票挣钱吗？"

"可以啊，最早发明这种方法的是纽约大学一位数学系教授，现在是数百亿美元的大富翁！他基于丰富的数学知识，发明了机器交易的算法，一般称之为量化交易。依据交易数据和营利目标决定交易策略，并完全交由电脑来交易，很成功！不过他的数学方法是不能让别人知道的，一旦泄露就赚不到钱了！"

"数学还能赚钱啊！真好！"

"机器也只是实现了人的智慧！人的智慧才是最重要的。"爸爸微笑着看着孩子。

"爸爸最后给你留一个小思考题，我们就去买龙猫。"爸爸说完，在一张白纸上写下下面的计算：$9 \times 9 \times 9 \times \cdots \times 9$，一共 99 个 9 相乘，问个位数是什么？

如果问两个武士中任何一个人如下问题"如果我问另外一位武士哪道门是自由之门，他会指向哪道门？"会怎么样？

四、逻辑的力量

妞妞期中考试时班上出了两件事情。

第一件事是一件有趣的事。考数学的时候，数学老师总站在邓雨颀的小桌子边，还低头看她答题。这让邓雨颀很紧张，可是又不好直接请老师离开，别站在边上。鬼灵精的邓雨颀拿出餐巾纸，很夸张很大声地擤鼻涕，然后把纸团放在桌子边。老师一下子就觉得不好了，赶紧离开，而且整个考试再也没有站在她的边上。考试完了，几个小朋友在教室的角落里咯咯笑了半天。

第二件事就不太好玩了。语文考试的时候班上的超级学霸居然被发现作弊！事情大致是这样的：这次语文考试期间，她被老师发现在看写满古诗文的纸张，然后就被带到校长那里去了，放学的时候都没有出来。同学们传八卦可厉害了，甚至都怀疑她过去几年的成绩都是抄袭的，要知道大学霸独来独往，朋友不多，几乎所有的同学都在叽叽咕咕传她的事情。

下学后妞妞当然会向爸爸说这些学校的事情。第一件事妞妞说得绘声绘色，还模拟出擤鼻涕的声音，把爸爸逗得大笑。第二件事爸爸听完后就变得比较严肃。

"学霸之前有过考试作弊的事情吗？"爸爸问。

"没有啊，我们觉得好奇怪。她整本书都能背出来耶！"

"那你想一想，她有抄袭作弊的理由吗？"爸爸又问。

"没有啊！就是奇怪嘛！"

"那爸爸觉得这应该是一个误会，你不是有时候也很烦恼同学们背后说闲话吗？爸爸觉得你还是先不要认定她作弊，说不定明天就会有合理的解释哦！"

第二天下学，妞妞等不及放下书包，就和爸爸说："爸爸，你好厉害哦！果然学霸不是作弊，她把嘴里的口香糖用废纸包起来，废纸刚巧就是她平时默写古诗文的草稿纸。老师看她低着头，以为她在偷看。后来在校长办公室老师让她独立完成了考卷，当场打分。她的考分是 100 分耶！"

"果然不出所料，她没有理由作弊嘛！这就是逻辑推理的作用。"爸爸小小的得意。

"今天还有同学传这些乱七八糟的话，学霸很不开心。不过今天我去安慰了她一下，我们两个一起跳绳了。她其实很不错的！"

"爸爸很高兴妞妞能独立思考。逻辑推断就是通过深度思考来推断出隐藏的结论，不受表面的东西迷惑，非常有趣也很有用！今天也给你出一个逻辑推断的小题目你来想想看。

"有一个珠宝店发生了一起盗窃案，被盗走了许多珍贵的珠宝，经过几个月的侦破，查明作案的人肯定是 A、B、C、D 中的一个，把这四个人当作重大嫌疑犯进行审讯，这四个人有这样的口供：

A：'珠宝店被盗那天，我在别的城市，所以我是不可能作案的。'

B：'D 是罪犯。'

C：'B 是盗窃犯，他曾在黑市上卖珠宝。'

D：'B 与我有仇，陷害我。'

"因为口供不一致，无法判断谁是罪犯，经过进一步调查知道，这四个人只有一个说的是真话。你知道罪犯是谁吗？"

妞妞开始分析，"如果 A 说的是真话，那么 B、C、D 说的都是假话。B 说 D 是小偷，那么 D 肯定不是，但 D 说 B 和他有仇陷害这句话就为真，矛盾。所以 A 说的不可能是真话，那么 A 一定说假话，A 是小偷！"

爸爸非常吃惊妞妞的思考方式，"妞妞太棒了！太棒了！你看，爸爸是这样考虑的。根据 B、D 两人的话矛盾，可知两句话中必有一句真话，一句假话。假设 B 说真话，那么 D 是罪犯，而 A 也说了真话，产生了矛盾，所以只有 D 说真话，其余三人均说假话，则 A 偷了珠宝。"

妞妞说："我的方法也一样啊！好像还简单些。这种题目很好玩，还能破案。爸爸再给我出一个。"妞妞摆了一个拿枪的姿势，"我是名侦探柯南！"

"好吧，我给妞妞讲一个恐怖的破案故事，别害怕哦！

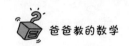

"杰克先生喜欢看侦探小说，家住在新泽西，到纽约上班要坐地铁路过纽约中央车站，每天总能看到一个胡子拉碴、又脏又臭的流浪汉坐在靠墙的转角处傻傻地笑，奇怪的是流浪汉对每个给他施舍的人都会大声说一个词。

"一位妇女给他一枚硬币，流浪汉大声说：'菜花！'对着她傻傻地笑。

"杰克先生的邻居马克先生给了流浪汉一枚硬币，流浪汉大声喊：'人！'不过没有一点儿笑容。杰克先生心想，马克先生当然是人了，难道还是猪？他怎么也不喜欢马克先生呢？好像马克先生身上有一些奇怪的味道，而且从不让别人到他家里去。

"杰克先生自己也给了流浪汉一枚硬币，流浪汉喊道：'牛！'咧开大嘴又笑。牛也不错！

"接下来的一位胖大婶也给了流浪汉一枚硬币，流浪汉喊道：'猪！'胖大婶不太高兴，不过也没啥办法，尴尬地笑了笑就走过去了。

"杰克先生觉得非常好奇，就稍微慢下来脚步。又有一位年轻人给了流浪汉一个三明治，流浪汉喊道：'面包！'

"杰克先生略微思考之后十分震惊，立即找了一个安静的地方打电话报警，请问这是怎么回事？"

妞妞很迷茫，这有什么值得报警的呢？一个疯子，流浪汉……哎，等等，流浪汉说的话是什么意思呢？妞妞大脑在飞快思考。他是在骂人吗？不应该也没理由。流浪汉最关心的是吃饱和保暖，或许是食物，啊！我知道了！

"流浪汉说的词语是给他施舍的人吃的早餐，他有特异功能能识别他人刚刚吃过的食物是什么。有人吃人肉？啊！好可怕！"妞妞用手捂住嘴，眼睛睁得大大的。"马克先生早餐吃人肉！太可怕了啊！"

"妞妞回答很正确啊！太厉害了！别害怕啊，这不过是个故事。不过这类恐怖智力故事就是有些可怕。我们还是不要讲的好，好吧？"

可妞妞觉得破案的故事实在是刺激好玩，一会儿反过来又央求爸爸再讲破案的故事。

爸爸说："破案的故事有些确实是有非常血腥恐怖的东西，今天咱先不讲了，讲上学的题吧！

"数学考试满分是 100 分，A、B、C、D、E 这 5 个同学都参加了这次考试。

"A 说：'我得了 94 分。'

"B 说：'我在 5 个人中得分最高，我第一！'

"C 说：'我的得分是 A 和 D 的平均分，且为整数。'

"D 说：'我的得分恰好是 5 个人的平均分，我是中不溜！'

"E 说：'我比 C 多得了 2 分，并且在 5 个人中排第二。'

"问这 5 个人各得了多少分？"

妞妞拿出纸把几个条件记下来，托着腮自己思考。

"这怎么做啊？"妞妞皱着眉，试图看出什么却又不知从何处下手。

"就是用推理的办法，依据已经给出的条件，一点一点地把每个人的分数推断出来。"爸爸想可能题目的类型有点生疏，"你先试试能不能先把名次排出序来，而后再推断每个人的分数。"妞妞点点头，再次思考起来。

B、E 分别为第一、第二名，C 介于 A、D 之间，这有两种可能，A 比 D 大或 D 比 A 大。

则当 A 为第三时，C 为第四，D 为第五，但是 D 的得分是 5 个人的平均分，D 显然不可能是最后一名，这个判断不成立。

于是 D 必须是第三名，D、C、A 依次为第三名、第四名、第五名。A 得分最低。

于是排名出来了！B、E、D、C、A 依次为第一名、第二名、第三名、第四名、第五名。

A 为 94 分，C 为 D、A 得平均分，且为整数，所以 D 的得分一定为偶数！这可能一般人想不到哦！逻辑的厉害就在这里体现，而且它只可能为 98 或 96（如果为 100，则 B、E 无法取值），D、C、A 得分依次为 98、96、94 或 96、95、94。

由于 E 比 C 高 2 分，则 E、D、C、A 得分依次为 98、98、96、94 或 97、96、95、94。

对应 5 个人的平均分为 98 或 96，而 B 的得分对应为 104 或 98。

显然 B 得不到 104 分，所以 B、E、D、C、A 的得分只能依次是 98、97、96、95、94。

妞妞高喊了一声："我做出来了！做出来了！"一只手举着笔，一只手举着写有答案的纸，围着客厅转了一大圈。

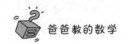

"爸爸，我觉得这个比破案还难啊！"妞妞很是有些感叹。

"是啊，今天讲最后一个逻辑故事，然后就去游泳。

"《唐·吉诃德》是西班牙小说家塞万提斯的名著，讲了一个不讲时宜的破落贵族梦想自己是旧时代的骑士，到处行侠仗义却又处处碰壁的有趣故事，在北京大学的校园里还有一尊西班牙政府赠送的塞万提斯铜像，很精致很好看的。

"小说中有一个好玩的故事。说在一个遥远的国度，有一位残酷的国王，任何外来的人都要向他说明来的理由，如果理由不正确，就要被绞死。一位聪明的旅行者同样被问到来的理由，旅行者说：'我是来受绞刑的。'

"国王有些发愣，无法判断这句话是对还是错。如果说这位旅行者的理由不正确，那么这位旅行者就要被处以绞刑，这样一来旅行者的理由就正确了。可是如果认为旅行者的理由是正确的，那么旅行者就应该被释放，这样一来旅行者说的理由就是不正确的了。

"国王前思后想，无法判断，也就只好释放了旅行者。"

"这个故事很好玩，《唐·吉诃德》这个小说哪里有哇？我想看看。"妞妞说。

"好啊，爸爸给你买一本少儿插图版，可好玩了。他骑一匹老马，拿一支破枪，带着一个有点呆呆的仆人到处寻找行侠仗义的机会。他还和大风车作战！"

"好想看看哦。"

爸爸接着说："最后爸爸再给你出个特别好玩的逻辑思考题，你来想。你一觉醒来，发现自己被关在一间密室里面。密室有两个门，一个门框上写着

'死亡之门',一个写着'自由之门',门口由两位武士分别把守。有一个声音告诉你,这两个武士一个从不说谎,另外一个从不说真话,但是不知道谁诚实谁说谎。你只能问其中一个人一个问题来决定要打开哪道门逃生,请问你怎么办?"

妞妞想了半天也想不出来,爸爸提醒道:"如果问两个武士中任何一个人如下问题'如果我问另外一位武士哪道门是自由之门,他会指向哪道门?'会怎么样?"

五、合作才好

　　妞妞班上有两个好朋友，一个叫刘佳怡，一个叫邓雨颀。这天是妞妞的生日，又是周末，两个小同学加上小区里的好朋友戴明琪、戴金宇都到家里来吃蛋糕。

　　刘佳怡同学戴着眼镜，白白净净、斯斯文文的，说话细声细气，总是面带微笑。邓雨颀同学个子比较高，长头发高鼻梁，大眼睛水灵灵的，一副机灵古怪的样子。戴家是新加坡华人，是我们的邻居。家里两个孩子格外可爱，姐姐戴明琪小妞妞两岁，乖巧伶俐，和妞妞特别要好。弟弟戴金宇还没有上学，淘气的不得了，一进门就在地上爬，把小龙猫赶得到处跑。

　　三个大孩子围坐在桌子旁吃蛋糕，边吃边聊，很是热闹。桌上摆着的一个大大的巧克力蛋糕已经切下一半多了，蛋糕上的字已经不完整了。蛋糕边上放着几盘水果，葡萄、苹果和白兰瓜。爸爸妈妈也在桌边坐着，一边吃蛋糕听小孩子们交谈，一边还要送吃送喝做服务。

邓雨顾说："陈晶晶同学上科学课，老师拿来一张鸟的图片让她回答是什么鸟，还把鸟的大部分都遮住，就留下两条腿。晶晶回答不出来，就说：'老师您看桌子底下的腿，能认出是哪位同学吗？'"大家都笑了。

刘佳怡说："通过鸟毛可以认识鸟啊，人又没有毛。"一边说一边用手捂住嘴，眼睛眯成一条缝，小脸因为笑而红扑扑的。

戴明琪说："人有毛啊，可是同学穿裤子啊！"大家笑得更厉害。

"陈晶晶好像是有些搞怪，净说一些奇怪的话。有一次我看见她书包里居然有几只卤鸡爪，下课的时候拿出来啃，还吧唧吧唧咂摸滋味。啃完了又把小鸡爪骨头按原来鸡爪的样子排列在作业本上。下一堂课科学老师看见，问她这是干什么？她说：'请老师猜猜这是什么鸟？'"

"那是鸡鸟啊！"邓雨顾大声说，大家笑得前仰后合，不可开交。

爸爸看孩子们吃得差不多了，就问大家一会儿上哪儿玩。大家商量后决定到院子里面跳绳。

爸爸说："刚吃完东西不要剧烈运动，因为会影响消化。我给大家出一道题，大家一起想一想，做一个游戏，好不好？"

大家纷纷表示赞同。

爸爸说："我给你们出一个关于腿的数学题。'鸡兔同笼'是我国古代算术书《孙子算经》中最有名的数学问题，原文说'今有雉（鸡）兔同笼，上有三十五头，下有九十四足。问雉兔各几何。'意思是：有若干只鸡和兔在同一个笼子里，从上面数，有三十五个头；从下面数，有九十四只脚。求笼中各有几只鸡和兔？"

邓雨顾马上说："鸡腿和兔腿完全不一样啊！不用算了，看看鸡腿和兔腿不就行了？头都不用看！"大家哄堂大笑。妞妞拿苹果的手指着邓雨顾呵呵大笑，说不出话。

戴明琪说："鸡会啄兔子吗？它们在一起会打架吗？"

"估计兔子打不过鸡。兔子又没有爪子，鸡啄起来可厉害了！"妞妞养过兔子，知道兔子的温顺。"不过还是可以做朋友吧？"

刘佳怡也笑着说："这是叔叔出的数学题啊！我们先想想。"

爸爸很喜欢小姑娘的善解人意。"大家先不要纠结这些细节，我们的兔子

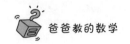

和鸡都是最温顺不打架的品种，而且它们穿一样的鞋戴一样的帽。"

大家笑得更厉害，想象穿鞋戴帽的公鸡母鸡，还有白兔花兔会是什么样子，不过也明白爸爸是为了把大家拉回算术题上来，一会儿也就安静了。

"《孙子算经》的方法是这样的：脚的数量的 $\frac{1}{2}$ 减头的数量数，即 $\frac{94}{2}-35=12$ 就是兔子的数量；头的数量再减去兔子的数量，即 $35-12=23$ 为鸡的数量。"

戴明琪不明白，立即问道："这是为什么啊?"

大家也纷纷表示不明白是什么原理，怎么算的?

爸爸说："原来孙子先生是这样想的。他假设可以命令动物抬起一半的脚，则每只鸡就变成了'独脚鸡'，而每只兔就变成了'双脚兔'。这样，'独脚鸡'和'双脚兔'的脚就由 94 只变成了 47 只。最重要的是这个时候鸡的头数与脚数之比变为 1∶1，兔的头数与脚数之比变为 1∶2。由此简单推断出每多出一只'双脚兔'，脚的数量就会比头的数量多 1。对吧?"

大家思考一会儿，纷纷点头。

爸爸接着说："所以，'独脚鸡'和'双脚兔'的脚的总数与它们的头的总数之间的差，就是兔子的只数。对吗?"

"对呀，对呀!"这回大家都明白了。

爸爸还想多教一些东西给孩子们，于是拿来纸和笔写下一个方程组。

"我们古人是不会现代数学方法的，用现在列方程的方法，这个问题就更容易解决了。设鸡有 x 只，兔有 y 只，则根据题意有：$x+y=35$，$2x+4y=94$，解这个方程组得 $x=23$，$y=12$。列方程是你们马上就会学到的东西，我们即使是不会，也可以用解答'鸡兔同笼'问题的思想方法解决许多问题。

"我再出一道应用题，你们都想想，看看谁会解答？

"班主任张老师带四年级(2)班 40 名同学栽树，张老师栽 5 棵，男生每人栽 3 棵，女生每人栽 2 棵，总共栽树 105 棵，问几名男生，几名女生？"

这回妞妞最先想出来。她慢慢说："如果全班都是女生，每人栽两棵树，一共栽 80 棵，每一名男生就多种一棵，所以男生的数量是 $105-5-80=20$ 人，女生 20 人。"

戴明琪急切地说："啊！原来我忘了把老师栽的减掉了！"

大家都表示妞妞的算法很正确，验算也是对的。

"刘佳宜和邓雨颀也想出来了？"看到大家意犹未尽的样子，爸爸说："你们学过分数，我们今天再出一道分数题，好不好？我先问问你们有多能吃。"

大家都有些莫名其妙，不过还是很期待地看着爸爸。爸爸说："你们都说说这个巧克力蛋糕好吃吗？你们一次可以吃多少蛋糕？"

戴明琪年纪小，说："好吃，我能吃这么大的蛋糕的十二分之一块。"

刘佳怡说自己可以吃十分之一块，邓雨颀说自己可以吃九分之一块，妞妞说自己可以吃八分之一块，戴金宇听到大家都说几分之一几分之一，趴在龙猫笼子边也高喊了一句："七分之一！六加一等于七！"

戴明琪说："弟弟，不淘气啊！"

戴金宇站起来，一脸坏笑，"我没有淘气啊！刘佳怡！邓雨颀！"一边用手指着两位小姑娘。

大家恍然大悟，原来小娃娃在一边琢磨上了两个女生的名字，谐音像六加一等于七，于是大家又一起大笑。

爸爸妈妈也在笑。爸爸说："我们把戴金宇也算一份吧！就好像蛋糕是一个工程任务，我们有五个施工队，第一个施工队是戴明琪队，每天进展十二分之一，也就是要十二天完成；刘佳怡队十天，邓宇颀队九天，妞妞队八天，戴金宇队七天。如果大家一起做，要几天完成这个工程呢？"

"好像就是把他们每天完成的分数加起来，然后用 1 来除。计算的方法我知道，可是就是不知道为什么。"刘佳怡有些不好意思的样子。

"我们把任务看作一个整体，比如，设为 A 好了。五个队一起工作的时候，可以完成 $(\frac{1}{12}+\frac{1}{10}+\frac{1}{9}+\frac{1}{8}+\frac{1}{7}) \times A$。这个分数求和有点复杂，不过也

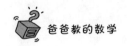

就是复杂而已，并不难，我来算算。"

爸爸在纸上很快就计算最小公倍数是 $2\times2\times2\times3\times3\times5\times7=2\,520$。

于是分数之和就是

$$\frac{(210+252+280+315+360)\times A}{2\,520}=\frac{1\,417}{2\,520}A,$$

这也是大家一起工作的任务完成速度。

最后任务 A 按共同参加来算完成时间，需要时间$\dfrac{A}{\dfrac{1\,417}{2\,520}A}\approx1.78(天)$。

大家安静地看着爸爸计算。

"这样看起来就比较好理解了，分子分母中同时都有 A，可以约掉。这也就相当于是用 1 来除分数之和。用任务量除以完成速度得到时间，这个大家应该是懂的。

"为了照顾小学生还没有学习方程，我们经常就假设任务为 1，意思是一项任务，这只是为了简化整个计算，用小孩子们的知识更加好懂一些。"

"我懂了！我懂了！再出一个好玩的吧！"刘佳怡高兴地说，大家也嗯嗯地表示自己也同意。

"好吧，我给大家出一道好玩的小思考题，大家就可以去跳绳了。"爸爸清清嗓子，"从前有一位财主，要给自己的孩子分财产。三个孩子，老大得全部的 $\dfrac{2}{3}$，老二可以得到剩下部分的 $\dfrac{2}{3}$，最后再在剩下的部分中取 $\dfrac{1}{2}$ 给小儿子。别的财产都好办，就是家里的 17 匹骆驼不好办。怎么分都分不尽，难道真的要杀骆驼分肉吃？你们有时间就都好好想想，出出主意好不好？"

假如你有无穷的财富，那么你分给地球上的每一个人，每一个人都会拥有无穷的财富。这是不是很奇妙？

六、无穷无尽的数

在"十一"黄金周青岛的海滨，天气晴朗，海风阵阵，海滨浴场还有人在游泳。午饭后，爸爸和妞妞在海边散步。爸爸四十多岁，一身休闲装，浓眉下目光炯炯，头发有些过早的斑白，将军肚也不知道什么时候开始出现了，不过身体看上去还是非常匀称、健壮。

"什么东西是无穷无尽的？"妞妞望着大海，轻声地问爸爸。

妞妞十一岁了，已经上小学六年级了，是一个十分聪慧的小女生，身材高挑，有着一双充满好奇和探索光芒的大眼睛，嘴角有些顽皮地向上微微翘起，总希望能提出一些有趣的问题把爸爸难住。

妞妞问："大海那边是什么呢？"

茫茫大海的尽头，只看见海天分隔的一条线，线上面是蓝蓝的天空，挂着几丝白云；线下面是深蓝色，甚至有些深绿色的大海。海上有几条大货船，似乎凝固在海中。

"海是有尽头的，海的那边近一点说是日本，远一些说是美洲大陆。"爸爸回答道。

"那么沙子是不是无穷无尽的呢？"妞妞问道。

"当然不是，沙子到底有多少粒，我们不太容易数得清，但是它肯定是有数的。"爸爸沉吟了一会儿，想着如何把这个问题讲得更加清楚一些。"地球的重量是一个固定的数，尽管它很大，但它所包含的物质是有限的。所以地球上的沙子肯定也是有限的。"

"我知道，数字是无限的。"妞妞眨巴着明亮的眼睛继续说，"1，2，3，4，

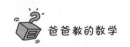

5，6，7，…没完没了，直到无穷无尽。"

"妞妞真是个爱动脑筋的好孩子。的确，自然数是没有穷尽的，但是你想过没有是自然数多，还是偶数多呢?"爸爸有意挑战妞妞的思维。

"当然是自然数多，因为偶数没有 1，3，5，7 这样的奇数嘛!"妞妞微笑，觉得这是一个很容易回答的问题。

"那么现在假设你那有一副无穷无尽的扑克牌，上面都是自然数。我也有一副扑克牌，上面都是偶数，我们比一比看看谁的牌多好不好?"

"好呀!"妞妞觉得这个游戏不会有什么意思，但是爸爸平时都不让她玩扑克牌，这样的扑克游戏玩一玩也不错。

"你每出一张牌，我都出一张它的两倍数。比如，你出 1，我就出 2；你出 2，我就出 4。这样你出任何一张牌，我总有牌和你对应。我的牌还比你的牌大呢!"爸爸含笑看着妞妞，"这样看来，我的牌怎么会比你的牌少呢?"

"可是我有你没有的牌呀，你怎么能够和我的牌一样多呢?"妞妞十分困惑。

"我们说的个数的这个概念，在无穷的世界里，失去了度量的意义。这好像有些奇怪，而且过去也让许多数学家们困惑过。"爸爸希望能用尽量简单的语言把这个问题说清楚。

"比如，自然数是一个无穷的数字队列，把其中特别的任意多个数字拿掉，这次我们拿掉的是奇数，剩下的数字依然是一个无穷的数字序列，我还能和你玩扑克游戏。你出一张，我就能出一张，让我的偶数和你的自然数一个一个对应。"

"在无穷的偶数中拿掉有限的数字，比如，把从 2 开始一直到 1 000 000 000

（十亿哟！）的偶数都拿走。从 1 000 000 002 开始，你出任何一张牌，比如，n，我就出 1 000 000 000＋$2n$，怎么样？我依旧是总有牌出的。"

"那么一个无穷数列里去掉一个无穷数列后，也会剩下一个无穷数列吗？"妞妞似乎开始有些明白。"从我的自然数队列里面把奇数列拿掉，剩下的是偶数列，奇数列和偶数列都是无穷的数列。"

"这不一定总能成立，比如，在自然数数列中，从 1 000 开始我们把之后的无穷数列去掉，剩下的就是一个从 1 到 1 000 的有限数列了。"妞妞点了点头，表示自己已经明白。

"一般而言，无穷数列的奇数项和偶数项各自单列，是能够构成两个无穷的数字队列的。实际上按照这样的方式，可以分出任意有限个无限数列。这个特点和有限队列均分之后数量减少的性质完全不同。一百个士兵，均分为十队，每队就只能有十个人，对不对？"爸爸希望这些没有让十几岁的小脑袋瓜糊涂。妞妞点点头，爸爸接着说。

"但是无穷数字队列就不一样了。比如，无穷的自然数数列，按顺序均分为 1 000 000 000 个数列，每一个数列都可以是无穷的数列。我们可以把第 K 个数列表示为 $n×1 000 000 000＋K$，其中 n 表示自然数。也就是说每隔 10 亿抽出一个数，可以形成 10 亿个无穷数字队列。"

爸爸和妞妞慢慢往前走。沙滩上有许多孩子放风筝，五颜六色的风筝高高飞翔，光脚的孩子们欢笑着奔跑，可妞妞似乎一点都没有注意到。"就像孙悟空的分身法术，能变出许多的孙悟空，而自己一点都不受损失。"

妞妞抬起头，若有所思地说。"尽管它们每一个数列要经过 1 000 000 000 次之后才能得到一个数字，但是它们居然还都是无穷多的数列！太不可思议了！齐天大圣孙悟空？"

"这只是一个比方！想一想，假如你有无穷的财富，那么你分给地球上的每一个人，每一个人都会拥有无穷的财富。这是不是很奇妙？可惜这种事情只能在无穷数列的世界里才能发生，因为人们还没有办法找到拥有无穷无尽现实财富的方法。"

妞妞点点头，表示自己有些明白了。"这确实太奇妙了！可是，爸爸，吝啬鬼故事里面的鸡生蛋，蛋孵鸡，算不算是无穷无尽的财富呢？"

有个故事是说吝啬鬼偶然捡到了一个鸡蛋，非常高兴。回家后对妻子说：

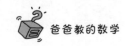

"我们家发财就靠这个蛋了，蛋孵鸡，鸡生蛋，蛋再孵出更多的鸡。"前些时候爸爸给妞妞讲过这个故事。

爸爸回答说："如果我们考虑无限长的时间，的确是可以有无穷多的鸡和蛋。如果这就是财富的话，就是无穷的财富。可惜我们无法找到能够永远不死的人来管理和分享这样的财富。换句话来说，这不是现实的财富。再说地球是有限的，地球上能够养活的鸡也会有限度。"

妞妞看上去有些失望。

爸爸接着说："按照我们刚才说的扑克游戏，我们也可以拿平方数和自然数一一对应，对不对？你出任何一个自然数，我就出它的平方。"

"对，但是这还是两个一样无穷的数列呀！"妞妞这次不再上当了。

"我们没有办法比较它们的个数多少，但是我们可以比较它们变大的快慢，对不对？妞妞，如果一个自然数比另外一个大，那么它们的商有什么特点？"爸爸问妞妞。

"商应该大于 1。"妞妞回答。

"n 和 n^2 都可以变得无穷大，但是它们跑向无穷大的'速度'是不一样快的，显然 n^2 要跑得快些。数学家们是这样定义的，如果 $\frac{n^2}{n}=n$ 还是一个无穷大的量，那么我们就把 n^2 叫作比 n 高阶的无穷大。如果这个商是一个常数，那么我们就称这两个无穷大量是同阶的无穷大量；如果它们的商是一个一次项，就称分子为高一阶无穷大；商是二次项，就称分子为高两阶的无穷大，依次类推。"爸爸慢慢地说，不想说得太快，让小孩子反应不过来。

"自然数列和偶数列是同阶无穷大量，可是自然数列不是比偶数数列变大快一倍吗？为什么它们还是同阶呢？是不是因为它们的差距还不够大？"妞妞很是为自己的数列不能比爸爸的数列高一阶而不平。

"这也没什么难理解的，快一倍是没错，但是只是相差常数倍，对不对？在无限的世界里，常数倍意味着没有实质的改变。就像你上小学，一年级、二年级，直到五年级、六年级都是小学生，但是过了六年级，你就升初中了。中学生和小学生就是根本的变化。"

看见妞妞陷入了深深的思考中，爸爸慢慢地说："无穷的概念可以类似地推广到负无穷大。我们把自然数扩展到负数，那么$-n^2$和$-n$（n代表自然数）相比，依旧是要快一阶的负无穷大量。还可以把它推广到无限接近某一个数。比如，无限靠近 0 的数列 $\frac{1}{n}$，当 n 变大时，它与 0 的差距变小，而且越来越小，可以比你拿出的任何数都小。我们就说当 n 趋近于无穷大时，$\frac{1}{n}$ 趋近于 0。显然我们可以说 $\frac{1}{n^2}$ 是比 $\frac{1}{n}$ 高一阶的无穷量，它跑向 0 的'速度'要快很多，对不对？只是我们把无限趋近于 0 的无穷量叫作无穷小量。实际上，这些结论当我们把自然数 n 换成实数时，也都是成立的。"

妞妞说："这些有点儿难了，不过我知道了当我们进入无穷世界时，会发生许多神奇的事情。今天是不是就先到这里，我还要去捡一些好看的贝壳。"

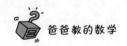

沙滩上间或能看到五彩斑斓的贝壳，看来妞妞低头思考的时候也还是没有忘记一个孩子的天性。

"没问题，只是你能不能在找贝壳的时候想一想，除了数字和时间之外，世界上还有什么是无穷的，好不好?"爸爸微笑地看着往海边跑的妞妞。

"当然，没问题！我真希望我有无穷的贝壳！"妞妞跑得老远了，还在大声地喊。

"只是希望你拥有了无穷的贝壳之后，不要太失望！"爸爸喃喃地说，面带微笑。

树木花草的分枝、山峦的尖锥、河湾的圆弧岸、云团的球形构造、闪电的曲折、海岸线的圆弧海湾，所有这些自然结构都具有不规则形状，它们都是自相似的分形。

七、奇妙的分形

"嫦娥一号"飞到了月球，成功发回来了许多照片，报纸、电视上的宣传非常多。今天妞妞看到晚报上的月球表面的照片，惊奇万分，原来月亮上面是这样的！通过家里的天文望远镜能看到月亮表面的坑坑洼洼，不过由于大气层的缘故，总是看不确切。在图上现在看起来却是如此的真切，如此的细腻。

"爸爸，这些陨石坑有多大呀?"妞妞抬起看晚报的头，瞪大眼睛问爸爸。

"确切的大小是不知道的，不过据说月亮上的陨石坑大的能有上百公里

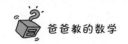

宽，小的也有数十公里。"

"这么大呀！爸爸你看，大圆坑边上还有一些很小的坑，小圆坑边上还有更小的圆坑！"妞妞用手指着图高声说，"它们看上去好奇怪！"

"如果我们能够直接清晰地观看月亮，放大的倍数越大，就可以看到更加细致的东西。这实际上是我们这个世界的特征——自然物体是无限细致的。这就是说无论你怎么放大，都可以看见更加清晰和细小的细节。"

爸爸突然想起前些时候准备的分形知识来，这也是一个很好的趣味数学话题。"你能计算出月亮表面有多少个陨石坑吗？"

"大的还可以，小的就算不清了。"妞妞眼睛一转，"如果你先告诉我多大的陨石坑才算，我就能计算出来。"

"妞妞真的很聪明，确实如此。如果不告诉你一个标准，你是无论如何都难以数清的。月亮上没有空气，所以哪怕是最小的宇宙颗粒都会在月球表面砸出一个小坑来。这个标准实际上就是我们观察一个事物的尺度。用妞妞的学生尺来测量万里长城，就嫌太短，对不对？可是要用妞妞的学生尺来测量细菌，就嫌太大了，对不对？"

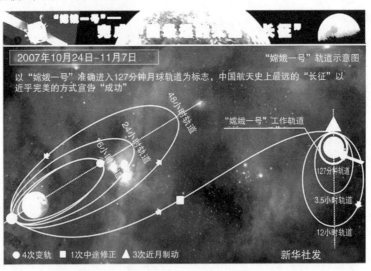

"对呀，要合适才好。"妞妞回答道。

"妞妞知道海滩都是弯弯曲曲的。如果我们测量一段海岸线的长度，它的结果和我们测量时所使用的尺度有直接关系。比如，如果我们用公里作测量单位，从几米到几十米的一些弯弯曲曲的地方就会被忽略掉。如果改用米来做单位，测得的海岸线的总长度会增加，这是因为有更多的细小的弯曲被测量到。不过这个时候一些厘米量级以下的弯曲还是没有能计量到，如果我们用厘米来计量，肯定我们又能得到更加大一些的数据。"

"那么这个数据会不会变得无穷大呢？"

"不会，海岸线的实际长度会因为测量的精度增加而增加，但是这是一个逼近的过程，并不是一个生长的过程。还记得爸爸给你算的圆周率吗？它们会越来越逼近某一个数字，只不过精度会越来越高。"

"它会没有限度地提高精度吗？"

"肯定不会，因为到了原子电子这种层面之后，我们人类的测试仪器已经无法保证测试结果的精度了。你想我们需要测试一个微小的粒子的时候，必须与它接触，对不对？一接触就改变了微粒子的状态，也就谈不上测量的准确了。"

略思考了一会儿，爸爸接着说："当我们不断地提高观测精度，相当于把整体中的一部分放大之后，我们非常惊奇地发现，看到的局部几乎就是整体的复制品。比如，一块磁铁中的每一部分都像整体一样具有南北两极。不断分割下去，每一部分依然都具有和整体磁铁相同的磁场。你再看蕨的枝叶。"说着爸爸拿出一张画。

"蕨的枝叶主干和大分枝的形状，与大分枝上枝干和枝叶的形状有惊人的相似。再比如雪花，由于水分子的结构，使得雪花普遍的以六边形的构造存在。总体形状是六边形，每一个细部也都是六边形。这种自己与自己相似的层次结构，适当的放大或缩小几何尺寸，整个结构不变。如果一个图形的部分以某种方式与其整体本身相似，这个图形我们就称之为分形。"

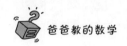

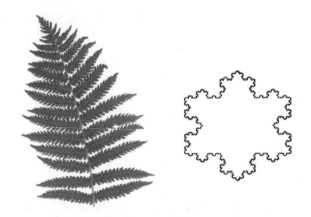

"月亮表面的照片也是分形，对吗？"姐姐还是在想嫦娥一号绕月飞行的事。

"对，因为我们放大这张图之后，看到的是尺寸小一些的圆圆的陨石坑，与大图的特征相似。我们看到的树、竹子、花草、山峦、河流、云彩、闪电、海岸线、星星，等等，这些自然物体和现象都是某种意义上的分形。它们看上去是杂乱无章，但实际上都严格遵守自己的规律。"姐姐看着爸爸，似乎有些不相信。

爸爸看出了姐姐的疑惑，于是接着说："树木花草的分枝、山峦的尖锥、河湾的圆弧岸、云团的球形构造、闪电的曲折、海岸线的圆弧海湾，所有这些自然结构都具有不规则形状，它们都是自相似的分形。"

爸爸说着，拿出了好多张艳丽的图片，给姐姐看。

"这是一位学生使用计算机根据自相似的原理，也就是每一个枝在相应比例的地方分出四个分支，不断重复，设计出来的一棵树，你看是不是很像一棵真正的树呀?"

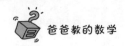

"哇，确实很像！爸爸，这些都是计算机做的分形图吗？"

"是呀，还有些人把分形的概念用到诗歌等文学创作里面，分形还为文学的表现提供了一种新的模式，英国的幼儿园里教的分形韵律诗就是这种分形模式很好的例子。你看：

一个歪斜的人，

走过歪斜的一英里，

歪歪斜斜地，

捡到了一枚歪斜的六便士。

买了一只歪斜的猫，

抓到了一只歪斜的老鼠。

歪斜的人，

歪斜的猫，

歪斜的老鼠，

都挤在歪斜的小屋里。"

"它们都是歪的！"妞妞忍不住笑了。

"其实这和我们的故事很相像。从前有座山，山上有座庙，庙里有个老和尚讲故事，讲的什么呢？从前有座山，山上有座庙，庙里有个老和尚讲故事，讲的什么呢？从前有座山，山上有座庙，庙里有个老和尚讲故事，讲的什么呢？从前有座山，山上有座庙，庙里有个老和尚讲故事，讲的什么呢？……"

妞妞的小嘴不停地张合，爸爸也忍不住笑了。

八、斐波那契家的兔子(Ⅰ)

　　昨天告诉姐姐今天晚上要讲的故事是"斐波那契家的兔子"。姐姐晚饭的时候就兴奋得不行。写完家庭作业，躺到床上却不听爸爸讲趣味数学，反而开始央求爸爸让她养兔子。

　　姐姐这个孩子天性善良，非常喜欢小动物，曾经养过两次兔子。第一次养兔子时，刚上一年级。一次从农贸市场带回家两只小白兔，柔软的白色毛发，眼睛水汪汪的，怯生生的互相挤靠在一起。

　　姐姐照顾兔子仔细极了。菜叶子必须洗净，还不能带水珠，兔子笼子下面的报纸每天要换好几次。可惜不到两个星期，一只兔子就被院子里的大野猫晚上偷吃了，留下许多暗色的残血和肮脏的兔毛。而另外那只兔子没过几天也郁郁而亡。姐姐大哭了两场，每次眼睛都哭得像兔子眼睛一样红。

　　去年儿童节，妈妈熬不过姐姐的请求，再次买回了两只兔子。兔子一样的可爱，姐姐也一样的用心。可惜有一只福分太浅，没过几天就拉稀而亡了。另外一只看来是个没心没肺的，同伴死了也不在意，饭量大得不得了。没几个月就被姐姐养得身强体胖，小笼子都装不下了，还换了一次大笼子。

　　到了冬天，兔子的一条腿突然不会动弹了，加上兔子的气味实在是太大，奶奶又生了场大病，爷爷就悄悄把兔子送给了院子里的保安，估计当天就成了一盘红烧兔肉。姐姐知道后大哭了一场，好些天都不和爷爷说话。

　　"爸爸，你快些讲故事吧！啰哩啰唆的，我才没哭呢！"姐姐有些不好意思爸爸又提起她哭的事情。

　　"好，故事开始了！列昂纳多·斐波那契(Leonardo Fibonacci)是一位意大利数学家，家在比萨城。就是有那个传说中伽利略做铁球落地试验的斜塔

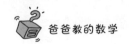

的城市，估计这也是比萨饼的故乡。你不是喜欢吃比萨饼吗?"姐姐笑着点点头，自己确实是喜欢。爸爸却觉得比萨饼味道怪怪的，每次去比萨店也就是吃些沙拉，说还不如吃奶奶做的韭菜盒子。不过妈妈和姐姐都喜欢那里的海鲜比萨，好像叫什么夏威夷风光。

"在他小的时候，他的爸爸被比萨市的一家商团聘任为外交领事，派驻到外地也就是当今北非的阿尔及利亚地区长驻，所以列昂纳多不得不远离家乡，陪伴他的是他喜欢的数学和兔子。"

"他现在有多少岁了? 爸爸。"姐姐以为他和自己一样还是个小孩子。

"他生于 1170 年，大约在 1250 年去世，活了 80 岁，要是算起来，他有840 多岁了! 不过他养兔子的时候和你现在差不多大，也就十几岁。他在数

学界的名望主要是因为他发现了一个十分神奇的数列，而且是养兔子的时候想出来的。"

"养兔子还能有数列？不太可能吧！"姐姐很是不信。

"其实数学都是和我们的日常生活、科学研究密切相关的，斐波那契数列也被叫作兔子数列，是不是很有趣？"姐姐点点头。

爸爸接着说："数列是这样的，先假设斐波那契家的兔子都永远不死。注意这可不是旮旯鬼家没完没了的鸡和蛋哦，只是为了计算方便。"姐姐听了都乐出了声。

"所有的兔子在长大之后，每隔一个月每一对兔子生一对兔子，而且新生出来的兔子成熟之后也是每隔一个月生一对兔子，兔子的成熟期是两个月，也就是说刚生下来的兔子，需要两个月后才能生小兔宝宝。"

姐姐心里想：要是兔子不死该多好呀！噢，我的小兔子！多么可爱的小兔子！爸爸这个故事还是挺有趣的，原来数学家也养兔子。

"斐波那契家先有一对小兔子，现在是第一个月的第一天，我们记下 1，表示斐波那契家有一对兔子。

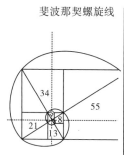

斐波那契螺旋线

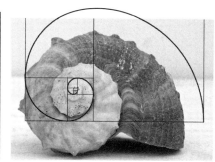

"到第二个月第一天，还是一对兔子，因为才过去一个月，兔子还不能生小兔宝宝，我们再记下 1。

"到第三月第一天，兔子生了一对小兔宝宝，斐波那契家总共有了 1＋1＝2 对兔子，我们记下 2。

"到第四月第一天，老兔子再生一对小兔，而上个月出生的小兔由于还没有长成熟，还不会生小兔。这个时候斐波那契家有 2＋1＝3 对兔子，我们记下 3。

"到第五月的第一天，生小兔的有两对了，对不对？老兔子和那对最先生

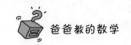

出的兔子，现在斐波那契家有 3＋2＝5 对兔子了，我们记下 5。

"到第六月的第一天，要生小兔的有三对兔子，第四月第一日出生的那对小兔也可以做兔爸兔妈了，对不对？斐波那契家的兔子有 5＋3＝8 对兔子，我们记下 8。

"我们注意到每个月的兔子数量是上两个月的兔子数量之和。这个道理实际上也并不复杂，上上个月的所有兔子这个月会生小兔子，所以新增加的兔子数就是上上个月的兔子数，这个月的兔子总数等于上两个月的兔子对数之和。

"把我们记下来的兔子对数排起来，我们有如下的一个数字队列：

1，1，2，3，5，8，13，21，34，55，89，144，233，377，610，987，1 597，2 584，…"

爸爸一口气说了好多，担心妞妞没全听进去，停下来静静看着妞妞。不想妞妞兴趣很高，一点都没有不明白的神情。看见爸爸停下来，妞妞赶紧说："这个兔子数列很好记耶！只是不知道它有什么神奇之处？"

爸爸放心了，接着说："小说《达·芬奇密码》中还提到过这个斐波那契数列，法国巴黎卢浮宫美术博物馆的馆长雅克·索尼埃临死之前在身边留下了这样的文字：

'13 3 2 21 1 1 8 5

啊，严酷的魔王！

噢，瘸腿的圣徒！'

"注意到了吗？第一行的数字就是斐波那契数列的前几个数字，不过它们的顺序已经乱了。一个人临死之前都能写下，说明它确实是很好记忆的。小说中所有的人都不知道这组数字的含义，只有一个数学知识很丰富的女密码分析员发现了这一点，并且最终揭开了它隐含的惊天大秘密。等你长大一些，你会有兴趣看看这本很有趣、很神秘的书的。"妞妞轻轻地点了点头，心里觉得揭开密码也没什么难的。

"这个数列最有趣的特点是随着数列项数的增加，前一项与后一项之比越来越逼近一个常数 0.618 033 988 7…，这不是一个循环小数，它是一个无理数，我们称之为黄金分割点。"

"黄金分割是什么意思？是要切割黄金吗？一个数字如何切割黄金呢？"妞

妞很着急，似乎有什么重要的东西要离开，她应该赶紧把它抓住。

"说它是黄金分割点，是因为这个数字极为神秘，似乎隐含着某些生命的秘密，比如，肚脐眼就在人体的 0.618 处。"妞妞嘴里发出长长的感叹，眼睛也瞪大了。

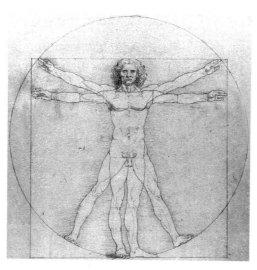

"黄金分割点也神秘地包含着美的信息。我们最常见的五角星，人们都觉得它的图案极其和谐，而他相邻两个顶点的连线，和隔一点的顶点连线长之比居然就是黄金分割数！所以许多设计师都会有意识地使用这个比例分割空间，人们看起来也最容易接受。"

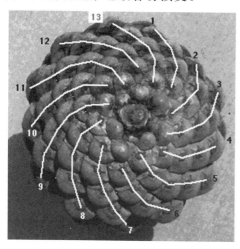
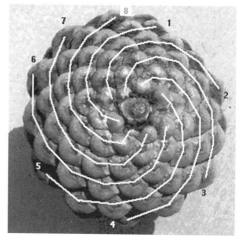

"好好玩耶！我的美术老师给我们讲过人的肚脐眼在人的 0.618 处，还给

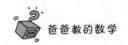

我们看了她的肚脐眼！所有的男生都闭眼睛。"妞妞想起当时的情景忍不住大笑，过了一会她又瞪圆了眼睛看着爸爸问道："还有什么地方有这个数列呀？"

"花瓣的数量都是斐波那契数列中的数，如兰花是五个花瓣，雏菊是十三瓣，甚至松果的种子也是排成八条或十三条！大自然里的神秘还没有人能解开。"爸爸坐在妞妞的床边和她交谈，这是一个从孩子小时候讲睡前故事就形成的习惯。

"还有哇！钢琴琴键最左边一个黑键对应两个白键，两个一组的黑键对应三个一组的白键，而琴键最右边的三个黑键对应五个白键，1，2，3，5这也都是兔子数列中的数字呀！"妞妞学过钢琴的，可是自己从来都没有注意过这一点。

"数列的第 3，6，9，12，…项能够被 2 整除；第 4，8，12，16，…项能够被 3 整除；第 5，10，15，20，…项能够被 5 整除，第 6，12，18，…项能够被 8 整除，这个规律可以依次推广。"

"太玄妙了，有点怪怪的感觉。"妞妞还希望听到多一些有趣的东西，于是接着问道："这个数列还有什么神奇的地方吗？"

爸爸说："今天说的东西是不是已经很多了？我们明天再说好不好？"妞妞抓住爸爸的手不放，"还要说一个嘛！再说一个！"

"好吧！这个数列中任何连续 10 个数的和，必定等于其中第 7 个数的 11 倍。你也可以自己试着算一算。比如，$1+2+3+5+8+13+21+34+55+89=231=21\times11$。这就算是我们今天的思考题，好不好？"

九、斐波那契家的兔子（Ⅱ）

今天天气非常好，碧空如洗，微风吹拂。北京的秋天是她最美的季节。妞妞下午三点就回到了家里，因为今天是星期二，学校放学早，加上妞妞肚子里有好多的问题要问爸爸，等不到爸爸下班，书包一扔，妞妞就打通了爸爸的电话。

"爸爸，昨天的计算我做了 5 组 10 个数，真是神奇耶！确实等于第 7 个数的 11 倍。你是如何发现的呀？"

"爸爸并不是自己发现的，是爸爸学习别人的发现才知道的。现在，爸爸在上班，时间不会太多，不过我今天也可以早些回家，而且已经为你准备了今天的趣味数学话题了。"爸爸的声音里都带着微笑。

爸爸一回家，妞妞放下手头的作业，就要爸爸开始讲。

"我们还是先继续昨天的话题，说说兔子数列的特点吧。你看，它从第二项开始，每个偶数项的平方都比前后两项之积少 1，每个奇数项的平方都比前后两项之积多 1。比如，第六项是 8，$8 \times 8 = 64$，而 8 的前后两项是 5 和 13，$5 \times 13 = 65$，64 刚好比 65 少 1，这是偶数项。$13 \times 13 = 169$，而 $8 \times 21 = 168$，169 刚好比 168 多 1。13 是第七项，奇数项。"

妞妞试了 21 这个数，她写道：$21 \times 21 = 441$，而 $13 \times 34 = 442$，441 刚好比 442 少 1！太神奇了！

爸爸接着说："这实际上是很容易证明的，但是证明你可能还不能听懂，需要用到数列的数学表达式。

"如果设 $F(n)$ 为该数列的第 n 项（n 是自然数）。那么兔子数列可以写成如下形式：

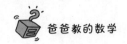
$F(1)=F(2)=1$，

$F(n)=F(n-1)+F(n-2)(n\geqslant 3)$。

"显然这是一个线性递归数列。而经过一些简单的证明我们还有一个复杂得多，但是更加有用的通项的表达式：

$$F(n)=\frac{1}{\sqrt{5}}\times\left[\left(\frac{1+\sqrt{5}}{2}\right)^n-\left(\frac{1-\sqrt{5}}{2}\right)^n\right]。$$

"其中$\sqrt{5}$读根号5，表示是平方得5的那个数字。这是一个无理数。

"从这个表达式里面我们能看到最有趣的是：这样一个完全是自然数的数列，通项公式居然是用无理数来表达的。"

妞妞有些皱眉头，"爸爸，我有些不明白。线性递归是什么呀？根号我都没学过！"

"好吧，线性递归简单说就是用数列本身项之间的关系来表达自己。前面说过的分形，就是递归最好的例子，自己和自己相似。"

爸爸想了想，让孩子明白递归函数有些困难，于是爸爸说："递归的数学表达不明白也没关系。简单地说吧，用后边这个表达式可以很容易证明$F(n)^2$和$F(n-1)\times F(n+1)$之间的关系。"

妞妞还是摇头，"明天我来试试算一算吧。"

爸爸说："那我们再说另外一个神奇的巧合吧。你知道杨辉三角吗？"说着，在一张纸上写下了以下数字。

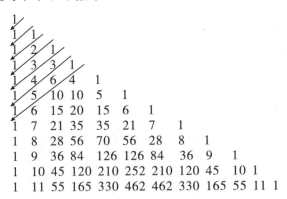

"你看，"爸爸拿起笔，画了几条斜线，"它们的和刚好是兔子数列！"

"杨辉三角好像是多项式$(a+b)^n$打开括号后的各个项的系数。这怎么也和兔子数列有关系呢？太不可思议了！"

爸爸点点头，心里暗暗高兴。这也是爸爸给孩子讲趣味数学的目的，希望这些奇妙的东西能够引起孩子对数学的兴趣，进而对知识、对学习产生兴趣。学习本来就应该是件有趣的事情。

"妞妞知道了一些兔子的数学了，现在爸爸要讲讲其他动物的数学才能怎么样？"

"动物还有数学才能？"妞妞不信。

"有哇！说不定有些方面比人类还强呐！"爸爸笑着说。

"知道吗？蜜蜂的蜂房是严格的正六边柱状体。它的一端是平整的六角形开口，另一端是封闭的六角菱锥形的底，由三个相同的菱形组成。组成底盘的菱形的钝角为 109°28′，锐角为 70°32′。经过科学家的计算，这样的设计既坚固又省料，是最优选择，而且蜂房的巢壁厚 0.073 毫米，精度都不是人类手工能达到的。"

"是吗？蜜蜂可真了不起。它们可没有量角器，也没有直尺啊！"妞妞心里想着那些忙碌的小小飞行精灵。

"苍蝇的眼睛是由 4 000 个可独立成像的单眼构成的复眼，能看清几乎 360°范围内的所有物体。小单眼的构造非常精巧，它的顶端是一个正六边形凸镜，

苍蝇的复眼显微图

下面连着圆锥形的晶状体，这些"集光器"下面连接着苍蝇的视觉神经。正六边形是可以获得最大类球形物体表面积的方案。苍蝇正是靠这样精致的复眼，才获得比人眼好得多的视力。科学实验表明，人看清一个物体需要 0.05 秒，而苍

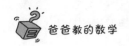

蝇只要 0.01 秒就能看清，比我们人类快五倍耶！而且众多的'小眼'从不同的视角扫描，经视中枢分析能很快确定目标位置和速度，对运动着的目标有极好的探测和跟踪本领。"

"恶心的苍蝇身上居然也有数学?"妞妞很明显不太欣赏爸爸的这个例子。

"实际上昆虫大多有复眼，比如，蜻蜓、蚂蚱、蜜蜂，等等。"爸爸接着说。

"那我们下次还是说蜜蜂这样可爱的动物吧!"妞妞说。

"下面有可爱的动物啊！美丽的丹顶鹤在春天秋天总是成群结队迁飞。它们很守纪律，严格地排成"人"字形飞翔。由年轻力壮的轮流担当领头鹤。"人"字形的角度总是 110° 左右。更精确地计算还表明"人"字形夹角的一半——每边与鹤群前进方向的夹角为54°44′8″！金刚石是钻石的原石，而金刚石结晶体的面夹角正好也是54°44′8″！你觉得这仅仅是种巧合还是某种大自然的秘密?"

"看来这个角度有些神奇的东西我们还不知道。"妞妞心里想钻石和丹顶鹤都是好美的东西，它们懂数学还是很让人舒服的事。

"小猫咪睡觉时总喜欢把身体抱成一个球形，这中间也有数学，因为球形使身体的表面积最小，从而散发的热量也最少，也就最保暖。刺猬受到攻击的时候也会把自己卷成一个球，把刺都竖起来。这个好不好玩?"

"真好玩!"妞妞咂咂嘴，好像吃到了美味。"鸡蛋是扁圆的，我用两个手指头捏住两头，不管如何使劲都捏不破，是不是数学?"

"妞妞的问题可真让爸爸高兴。"爸爸惊讶于孩子丰富的联想，"鸡蛋是不规则的椭圆形。不规则是为了防止它滚得太远，而椭圆蛋壳是最省料又最坚固的设计方案。你可知道我们人类在建设体育馆、机场等大跨度屋顶的时候，学习的就是鸡蛋壳的原理。"

"既然滚不远，那为什么还要说滚蛋呢？"妞妞说完，眼神古怪地看着爸爸，两人不约而同地放声大笑。

"可能是说你千万别走远的意思！"爸爸和妞妞会心一笑。妞妞从小拿筷子都拿得很靠上，照奶奶的说法，小孩将来会远行。这句话也只有他们父女两个心里明白。

"真正的数学'天才'是珊瑚虫，每天都写下'成长日记'——生长层。它们每年在自己的体壁上'刻画'出 365 条斑纹。夏天的生长层宽，冬天的生长层窄，就像树木的年轮。不过它们可比树木长寿得多，而且留存更容易，所以可以记载远古的事情。奇怪的是，古生物学家发现史前珊瑚虫的'成长日记'写的明显密集。经过科学分析，三亿五千万年前珊瑚虫每年要'画'出 400 条'水彩线'。天文学家据此确定，当时地球一天仅 21.9 小时，一年不是 365 天，而是 400 天。按此进行推算，13 亿年前，一年是 507 天。珊瑚虫是证明地球自转变慢的重要证虫。"爸爸和妞妞还在笑。

"噢，原来地球自转在变慢啊！"妞妞的笑容稍稍收回来一点。

"是呀，"爸爸接着说，"人们已经发现每一百年，我们每一天的时间长度

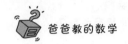

大约增长 1～2 毫秒，而引起的主要原因是潮汐摩擦。"

"哎，老师布置的作业太多，也是每天变慢的重要原因。"妞妞学校的老师习惯于布置大量的家庭作业，有时候孩子要忙到 11 点多才能做完。没有时间听爸爸讲更多的有趣故事，也不能自己看喜欢的课外书，妞妞和她的同学们都很失落。

"好吧，那我们再说一道有趣的图形题目。你到爸爸的书桌上去拿一张图，好吗？"

"是这张带箭头的花格子图吗？"妞妞发现爸爸桌子上有一张图。

"对，某人把一个边长分别为 5 和 13 的直角三角形，就是上面的那个三角形，拆散打乱之后，重新拼成一个同样形状的三角形，就是下面的这个三角形。让他十分吃惊的是似乎多出一个方块不能覆盖，为什么会这样呢？这可能吗？"

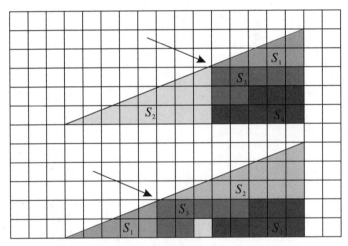

妞妞仔细地看，认真地想，在纸上写道：

$S = \dfrac{5 \times 13}{2} = 32.5$，嘴里轻轻地说："这是三角形的总面积。"

$S_1 = \dfrac{2 \times 5}{2} = 5$；

$S_2 = \dfrac{3 \times 8}{2} = 12$；

$S_3 = 7$；

$S_4 = 8$。

而 $S_1 + S_2 + S_3 + S_4 = 5 + 12 + 7 + 8 = 32$。

妞妞一脸的迷惑，慢慢地说，"好像它们不能这样拆分开！"妞妞用小手指着箭头的这两个点，"好像这个地方并不是格子的相交点。"

"太好了！"尽管妞妞低着头没看见，爸爸脸上的微笑变得更加灿烂。"其实这就是利用了斐波那契数列的性质：2，3，5，8，13 都是数列中的项。如果线条通过格子点，那么考察直角三角形的底边和侧边的边长之比就应该是一样的。

上面那个点是由于 3∶5 和 8∶13 之间的相差很小，弦线擦点而过。不精确的作图使人误以为刚好通过了这个点。还记得吗？它们都是黄金分割的近似值。下面这个点是因为 2∶5 与 5∶13 近似，很容易把它误认为是通过了你指的那个格点。事实上它是在点下面一些通过的，两个三角形 S_1、S_2 的面积和 S_3 区域的面积多算了，一般人不仔细是不容易注意到的。"

"原来是这样，我还得好好想想。"妞妞放下了笔。

做完了这道题，两人谈话的时间已经将近两小时了，爸爸觉得今天的话题已经非常丰富了，对妞妞说："其实如果任意挑两个数为起始，比如，5，－2.4，然后两项相加作为第三项，一直这样相加下去，形成 5，－2.4，2.6，0.2，2.8，3，5.8，8.8，14.6，…这样的数列。你将发现随着数列的发展，前后两项之比也越来越逼近黄金分割数，且某一项的平方与前后两项之积的差值也交替相差某个值。要是不信你可以自己试一试。这就算是给你留的作业吧！"

"那我要设计一个'妞妞数列'，让我们的数学老师大吃一惊！"

十、叠纸叠到太阳上去

第二天放学，姐姐拿出了自己的数列。这个数列是以10开头的，因为10是她的幸运数字，第二个数字是100，因为她喜欢考试得这个分数。数列如下：

10，100，110，210，320，530，850，1 380，2 230，3 610，5 840，9 450，15 290，…

姐姐计算了两组相邻数之比，

$$\frac{1\,380}{2\,230}\approx0.618\,83,$$

$$\frac{9\,450}{15\,290}\approx0.618\,05。$$

给爸爸看的时候，姐姐很得意，原来数学家也并不难做。姐姐今天在学校得到了数学老师的表扬，因为最近的几次数学练习完成得非常好，老师还要求同学们向姐姐学习。

爸爸说："姐姐数列非常有趣，它也说明兔子数列的两个相邻数之比为黄金分割数是由它们的形成规律决定的，和最初的两个数字是什么无关。还记得我们说到过的吗？有限的改变对于无穷世界来说，常常可以忽略。爸爸也希望姐姐能够在生活中多发现姐姐数列中数字的用处。考试得100分是我们的共同愿望，爸爸会帮助你实现的！今天我们要讨论的是巨大的数字和极小的数字，姐姐能够给我们各举一个例子吗？"

"当然，这太容易了，小蚂蚁的身长是不是一个很小的数字？"

"那蚂蚁的卵是不是比蚂蚁更小？"爸爸开始挑战姐姐的例子。

姐姐有些不好意思，"是的，我觉得纸的厚度会比蚂蚁卵更加小。"爸爸点点头。妞妞接着说："最大的比如对面的四十层的大楼，是不是很大？"

"那它能比北京市还大吗？""当然不能，北京市也没有地球大呀！"妞妞不服气，有些脸红。"地球不是在太阳系吗？太阳系不是在银河系吗？银河系还只是我们浩瀚宇宙中的一个星系而已。"爸爸笑着继续说："天文学里面经常用到数目巨大的数字，所以我们也把巨大的数字称之为'天文数字'"。

妞妞说："那我的例子就是太阳到地球的距离，和一张纸的厚度，怎么样？"

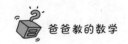

"很好，我们先看一张纸有多厚吧。"爸爸打开电脑，连接上互联网，在网站上搜索'纸张厚度'，很快找到了合适的材料。爸爸把它打印出来，是一张写满了字的表格。

类　别超级压光凸版纸	纸张名称	单张厚度(mm)
52 g/m²	1号凸版纸	0.065
60 g/m²	1号凸版纸	0.075
52 g/m²	1号凸版纸	0.080
60 g/m²	1号凸版纸	0.092
52 g/m²	2号凸版纸	0.087
50 g/m²	特号胶版纸	0.063
60 g/m²	特号胶版纸	0.075
70 g/m²	特号胶版纸	0.088
80 g/m²	特号胶版纸	0.100
90 g/m²	特号胶版纸	0.113
120 g/m²	特号胶版纸	0.150
150 g/m²	特号胶版纸	0.188
180 g/m²	特号胶版纸	0.225

妞妞看了一眼就问："什么是 50 g/m² 呀？"

"这是纸张的重量指标。一般而言，纸张越重越厚，质量也越高。50 g/m² 的意思是每平方米的纸重 50 克。你看，纸张的厚度差距也很大耶！最厚的纸 0.225 mm 约是最薄的纸 0.065 mm 的 3.5 倍。我们现在来做一个惊人的游戏，让你更深地理解大数和小数之间的关系。"

爸爸交给妞妞一张白纸，"这是一张 70 克的 16 开复印纸，所谓 16 开就是 $\frac{1}{16}$ m² 大小。它的厚度大约是 0.088 mm。相对折叠，撕开再叠在一起，厚度会增加一倍，即厚度变为 2×0.088 mm。再撕开叠放一次，厚度再增加一倍，变为 2×2×0.088 mm。如此下去，妞妞能不能帮我计算一下，折叠 64 次之后，纸张的厚度是多少？"

妞妞开始计算。2×2=4，2×4=8，2×8=16，…。

爸爸等了许久，妞妞还没有把 64 个 2 乘完，爸爸说："这里面的简便计算姐姐还没有学。10 个 2 相乘称之为 2 的十次方，结果是 1 024，60 个 2 相乘就等于 6 个 1 024 相乘，这应该是一个 19 位的巨大数字对吧？再乘上 2 的 4 次方，也就是 16，这个数字应该是一个 20 位的数字！爸爸把 64 个 2 相乘的近似结果告诉你吧，用科学计数法表示结果约为 1.844 67E19，E19 代表小数点后要右移 19 位。"

姐姐嘴张得老大，但是没有讲话，继续算数。过了一会，姐姐告诉爸爸："结果是 1.623 31E18 mm＝1.623 31E15 m＝1.623 31E12 km！天呐！这到底是多厚呀？个、十、百、千、万、十万、百万、千万、亿……"

爸爸笑着说："这大约是 16 000 亿千米！太阳到地球的距离大约是 1 500 万千米，即 1.5E8 千米，已经是很大的距离了。世界上跑得最快的是光，光每秒钟能走 299 792 458 米，我们常常简约为 30 万千米，也就是 3E5 千米而已！而太阳光从太阳到地球都走 8 分多钟呐！光一年才能走 9 460 730 472 580 800 米即约九万四千六百亿千米，科学计数约为 9.46E12 千米。这说明如果你能把一张纸重复折叠 64 次，纸的厚度将会超过 0.171 光年！"

姐姐一脸困惑说："那一光年不是很容易达到？拿一张纸就可以了。"爸爸笑了，"其实这种计算只有纸面上的意义，一张十六开的复印纸能被重复裁开叠放八次就不错了，往下实际上不可能用手工裁开叠放的，不信你试试。"

"用一张纸，折叠 64 次，它的厚度相当于地球到太阳之间的 1 万多条路的总长度！"姐姐用 1.623 31E12 千米除以 1.5E8 千米，对结果大为惊叹。

"爸爸，我觉得这个和我们听到过的印度国王奖励国际象棋发明者麦粒的故事很像。为什么两倍、两倍地增加会有让我们意想不到的巨大的数字出现呢？"

"这真是一个非常好的问题！这是因为每次增加两倍长度，越往后面涉及的长度越大，与我们的直接感觉差距也越来越远，这也说明指数是一个增长超快的无穷大量。"

爸爸望着孩子稚嫩的小脸，接着说："一光年已经是非常大的距离了，想想我们人类刚刚能够走出太阳系，太阳系的范围在一光年以内。我们已知距离太阳系最近的恒星为半人马座比邻星，它相距我们约 4.22 光年。我们所处的星系——银河系的直径约有七万光年，目前天文观测范围已经扩展到 200 亿光年，这个广阔的空间我们称之为总星系，这是我们目前能够了解的宇宙

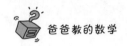

的范围了，从距离的数量级来说在10的27次方米这个级别。”

妞妞听的很认真，不过窗外小朋友叫妞妞的声音也很大。“今天就到这里吧！没有作业，下面是滑轮滑的时间。”

就听到“嗷嗷”的欢呼声。一转眼，妞妞就跑得没影了。

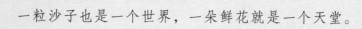
一粒沙子也是一个世界，一朵鲜花就是一个天堂。

十一、我们的宇宙是个大爆竹

今天妞妞回家的心情不太好，因为她的作业里面居然出现了两个非常让她懊恼的低级错误，一个是10＋6算成了60，还有一个是计算阴影部分的面积，她却忘了把非阴影部分减掉。

这样莫名其妙的错误让妞妞很难过，老师鼓励说没关系，以后注意就好。妞妞心里却知道为什么，心里狠狠责怪自己因为昨天要参加同学的生日晚会，作业完成得太马虎了。以后再也不这样了，作完作业一定要检查一下，妞妞心里暗下决心。

爸爸说："我小的时候也粗心，不过后来认真了，注意力集中了，也就好了。妞妞不要着急，细心就是要注意细节，我们今天要从极其细小的数字开始讲起。"说着，用手慈爱地摸了摸妞妞的头。

"你一定听说过纳米，1纳米等于十亿分之一米，也就是1E－9米，其中－9表示小数点要向左移9位。假设一根头发的直径为0.05毫米，把它平均剖成5万根更细的头发，每根的厚度约为1纳米。"

"哇！这么小哇，头发比纸还薄的呀！"妞妞开始有兴趣，注意力也集中了，作业的事好像也忘记掉了。

"我们的世界都是由不同的化学元素构成的，目前我们了解的元素是110种以上。它们大多数在地球上都以原子的形式存在，原子是由原子核和围绕原子核旋转的电子组成的。"

"就像地球绕着太阳转吗？"妞妞问。

"差不多是的。每一种元素的原子核和围绕原子核运动的电子数都是不一样的，比如，我们熟悉的氧气分子就是由两个氧原子构成的，氧原子有8个

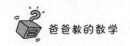

电子围绕原子核，原子核里有 8 个中子和 8 个质子。"

"爸爸，我不是太明白它们到底是什么，它们有多大？"妞妞觉得有点难理解，也没什么大意思。

"电子的质量很小，只有 9.109E－31 千克，体积更小，直径在 1E－18 米。原子也很小，不过比电子大得多，它的直径有 1E－10 米左右。原子的质量也很小，如氢原子的质量为 1.673 56E－27 千克，原子中心为原子核，质量占原子质量的 99％以上。原子核的直径介于 1E－15～1E－14 米。"

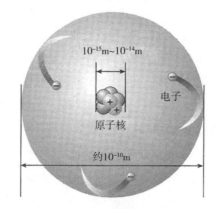

"原子核就像是太阳，电子就像是行星，对吗？"

"对呀！氢原子核的质量比电子的质量大 1 837 倍，直径要大百万倍。这和我们的太阳系比较就很有趣。太阳的直径约为 140 万千米，地球的直径约为 1.3 万千米，太阳与地球相比，太阳的直径是地球直径的 109 倍。109 的立方，约为 1 300 000。那么，太阳的体积大约是地球体积的 130 万倍。太阳的质量为 1.989E27 吨，而地球的质量为 5.975E21 吨，太阳的质量是地球质量的 33 万多倍。"

"你想想，你现在是在地球上面，你的世界不过是上学、回家，爸爸妈妈，老师同学，如果你现在是在一个电子上面，你的世界最大估计也不超过是一个原子的范围，对不对？"

"我的世界确实还没有走出太阳系。"妞妞开始微笑。

"或许你手里的铅笔，对于一个生活在铅原子里面的小人来说，就是他的银河系！"

"这太好玩了，爸爸，这是不是说我们生活在地球上的人，能够观察到的所有宇宙，也可能是另外一个巨人世界里的一支铅笔？"妞妞眼睛里放着光。

"完全是可能的呀！科学家们观察到所有的星球都在远离我们，换句话说宇宙在膨胀，可是却没有办法解释。所以科学家们假设我们的宇宙起源于很久以前的一次大爆炸，爆炸之后才有了时间、空间。可是人们还是在问，爆炸之前的世界又是什么呢？时间之前又是什么呢？爆炸是如何形成的呢？没有人能回答。"

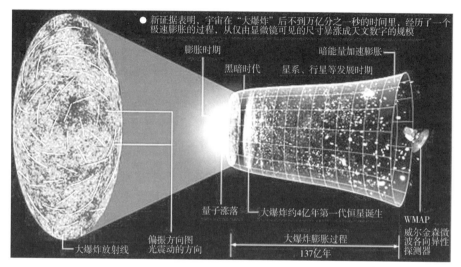

● 新证据表明，宇宙在"大爆炸"后不到万亿分之一秒的时间里，经历了一个极速膨胀的过程，从仅由显微镜可见的尺寸暴涨成天文数字的规模

膨胀时期　　　　　　　　　　　暗能量加速膨胀

黑暗时代　　星系、行星等发展时期

量子涨落　　大爆炸约4亿年第一代恒星诞生

WMAP
威尔金森微波各向异性探测器

大爆炸放射线

偏振方向图
光震动的方向

大爆炸膨胀过程
137亿年

"爸爸，"妞妞觉得这个世界非常好玩，"这是不是巨人放的一个鞭炮呢？"

"哈哈，真的是很形象，因为许多科学家们相信，宇宙也是有生有没的。在一个更大的时空里看，爆竹声应该是此起彼伏的。"

爸爸笑得很开心，"如果是巨人放的鞭炮，那么这个巨人和我们的差距就在 1E30 倍以上，就像我们的世界和原子世界的差距一样巨大。我们勉强能够观察到原子的样子，如果原子里面生活着有智慧的生物，电子的直径在 1E−18 米，以人类的身高和地球的直径比例来推断，它上面的生物应当在 1E−25 米这个高度左右。"

妞妞心里想："这个世界真是奇妙哇！要是我们不过是巨人放的一个鞭炮，今天的作业错误又算得了什么呢？下次做好就是了。不过要是能够进入巨人的世界，或是小人的世界看看就好玩了。"嘴边不由自主地流露出微笑来。

"《黑衣人》这个电影就有一个非常奇妙的想象，咱们这个宇宙就是一只巨大的花猫脖子底下吊着的一只铃铛，谁让咱这个宇宙充满了球状星体呢？"

"是啊，这只猫在草地上玩耍，这个草地是一个高尔夫球场，巨人们在玩高尔夫！"妞妞也微笑地补充故事情节，"可真好玩！"

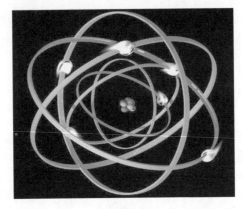

"还有更加惊人的东西哦！"你看这两张照片，爸爸说着指着电脑上的两张照片说，"一张是老鼠大脑神经元的显微照片，后一张是宇宙中巨大星系的照片。像不像啊？"

"太像了，是不是说我们这个宇宙就是一个大脑啊？"

"当然不是，但是这种相似性中有许多值得深入研究的东西。微观世界和宏观世界在度量的角度上相差如此之大，但原子世界和星球世界又如此的相似，似乎还有许多许多我们无法理解的东西。"

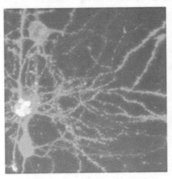
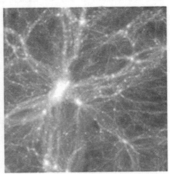

老鼠大脑神经元的显微照片　　　　　　　宇宙星系

一粒沙子也是一个世界，一朵鲜花就是一个天堂，注意到妞妞的微笑，爸爸心里感叹！

"我们对巨大的世界和微小的世界的理解实在是远远不够，数量级上的巨大差距限制了我们的能力，但是物理世界的差异并不妨碍数学科学上的一致。相信经过人类的长期努力，我们一定会对世界了解得越来越多。这就需要像妞妞你们这样的孩子们更加有创造力地学习前人留下的知识。犯点错误是不要紧的，重要的是不要犯同样的错误。"

"好的，爸爸，我会做好的。"妞妞抿抿嘴，认真地点了点头。"下面我们去打羽毛球，好不好？"

"好耶!"妞妞把笔往桌上一扔，就去拿羽毛球拍……

据统计，现在勾股定理的证明方法有近四百种，其中有一位证明者还是美国第二十任总统加菲尔德。他的证明也很简洁。

十二、勾股定理的奇葩证明

答应孩子要讲讲勾股定理的各种奇葩证明已经大半年了。遗憾的是这段时间爸爸非常繁忙，周末不是开会就是出差，常常是早出晚归，和孩子见不上几分钟面，说不上几句话。孩子越来越懂事，身高都到了一米七了，平时住校，周末在家。好在学习成绩优秀，尤其是数学和英语的学习积极性超强。

今天是周末，爸爸放下所有工作在家，因为这一天也是爸爸的生日，孩子早就说全家人这个周末一定要在一起的。

爸爸今天准备的菜谱是水发云南鸡枞菇、红烧金昌鱼、蒜子豆腐和豇豆肉末，再加上一个海带大酱汤，都是家人喜欢吃的东西。

妞妞给爸爸精心挑选了一个贺卡，贺卡正面是一只憨态可掬的烫金喜羊羊，贺卡上写着"爸爸生日快乐 Happy Birthday"两行字。爸爸心里暖暖的。

一家人有说有笑吃完饭，爸爸就把孩子带到书房，这里爸爸早就准备好了几张图。爸爸指着第一张说："勾股定理是你们学数学遇到的第一个重要的数学公式，西方人叫毕达哥拉斯定理。据说是公元前五百多年前的古希腊数学家毕达哥拉斯在观察地砖的时候找到的证明，之后杀牛百头，盛宴庆祝，全城狂欢。不过中国人在更早的时候，至少在公元前 1100 年前就知道勾三股四弦五，但是缺乏证明，一直到公元 3 世纪才有一个证明。"

"怎么证明的?"

"你看，两个全等的正方形，除掉同样大小的四个三角形后，面积应该相等。"

爸爸的两张图上都有正方形，分别除掉四个三角形。一个剩下小一些的正方形，另外一个剩下两个不同大小的正方形。

"一个面积是 c^2，一个面积是 a^2+b^2。好简单啊!"

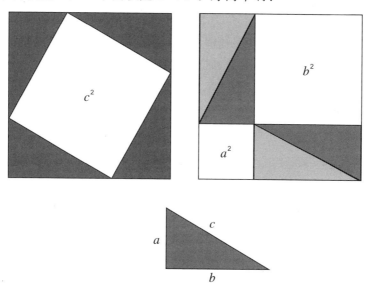

姐姐的手指在图上画来画去。

"对啊，这是三国时吴国数学家赵君卿的证明。你们的教科书上经常使用的是毕达哥拉斯方法。"爸爸拿出第二张图。这张图要复杂得多。

"我们可以很容易地证明△DAC 和△BAI 全等，边角边。"爸爸看着姐姐，"对吧? 这样的话△DAC 面积就是正方形 DABE 的一半，也等于△BAI 的面积，也等于矩形 AKJI 的面积的一半。这样就证明了正方形 DABE 和矩形

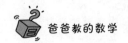
$AKJI$ 面积相等。同样可以证明正方形 $BFGC$ 面积等于矩形 $CKJH$，也就是说直角三角形直角边上的两个正方形面积之和等于斜边上正方形面积，也就证明了勾股定理。"

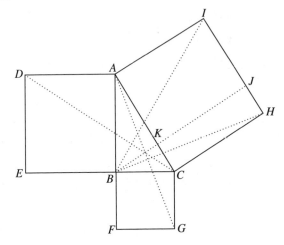

姐姐点点头，在纸上写下 $a^2+b^2=c^2$。

"据统计，现在勾股定理的证明方法有近四百种，其中有一位证明者还是美国第二十任总统加菲尔德。他的证明也很简洁。"爸爸拿出第三张图。

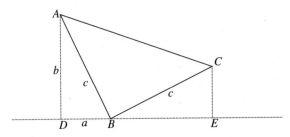

"一个等边直角三角形向下形成一个直角梯形。容易证明 $\triangle ADB$ 和 $\triangle BEC$ 全等，所以这个梯形的面积就可以有两种表达方法，一是梯形面积公式，二是三个直角三角形面积之和。我们有如下等式：

$$\frac{1}{2}\times(a+b)\times(a+b)=\frac{1}{2}ab+\frac{1}{2}c\times c+\frac{1}{2}ab,$$

展开化简就得到了 $a^2+b^2=c^2$。"

"这个证明确实也很简单！"

"是啊，其实这个证明完全可以和赵君卿的证明等价，你看。"爸爸拿出第四张图。

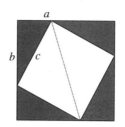

"如果在一个正方形中放一个小正方形，使小正方形的四角和大正方形各边相交。很简单可以证明四个三角形全等。我们可以设三角形三边分别是 a、b、c。我们对正方形的面积有两种计算方法，一是直接使用正方形面积公式，二是分别计算四个三角形和小正方形面积之和。"

爸爸一边说一边在纸上写下如下计算：

$$(a+b)\times(a+b)=4\times\frac{1}{2}\times ab+c\times c。$$

化简就能得到。

"总统的发现只是把这个图去掉一半还可以证明勾股定理而已，是不是很有趣？"

"去掉一半还是不变，好神奇！连等式都是一半！"

爸爸微笑着看着妞妞。"有的数学家说勾股定理可以不需要数学证明，只需要用拼图就可以证明。他们的证明是这样的。"爸爸一边说，一边拿出一张图。

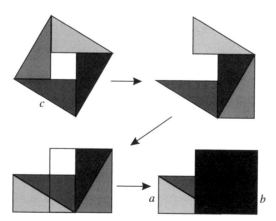

"用四个全等的直角三角形拼成一个正方形，然后移动成这样。就证明了两个小正方形面积之和等于大正方形面积。"

妞妞眼睛睁得好大，"这也算证明吗？"

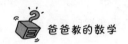

"当然，这种证明尽管缺乏严格的数学语言，但是也是一种初等数学中的证明方法。"

"哦，这样啊！我们的几何思考题中还有用圆规、直尺等分角的题，是不是一样的意思啊？"

"是啊，初等几何中使用工具或是画图直接证明命题是可以接受的，实际上也很容易用严格的数学语言来描述。"

妞妞点点头，看得出不用写长长的证明过程这一点很吸引她。

"勾股定理的扩展很有意思，比如，在三维空间中我们也有立方体的三条边和对角线的类似定理：$a^2 + b^2 + c^2 = d^2$。"爸爸拿出一张立方体图给妞妞看。"你能证明它吗？"

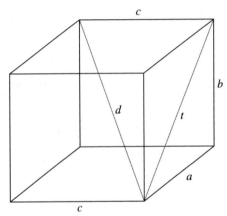

妞妞想了一会儿，"这个好像比较简单。在这个平面用勾股定理假设这条对角线长为 t。就有 $a^2 + b^2 = t^2$。然后在这个矩形中用勾股定理，又有 $t^2 + c^2 = d^2$，代入就有了 $a^2 + b^2 + c^2 = d^2$。"

"对，最后一个三角形是直角三角形需要一点点证明，不过这是高中的内容，也不复杂。你的证明是正确的。我们还有一种扩展勾股定理的方法。如果我们把勾股定理看成是三条边上三个正方形面积之间的关系，那么我们就可以考虑各边上的正三角形、正五边形、正六边形的面积是不是还是这种关系。"

爸爸再拿出一张图，直角三角形的三条边上画了等边三角形、正方形、正五边形。

"我猜他们也符合直角边上的两个图形面积和等于斜边上相应图形的面积。"

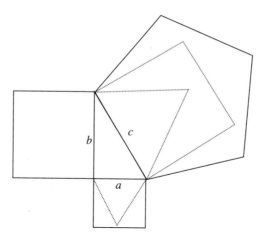

"是的,这个证明起来就比较容易了。只需要你能用边长表达面积就成功了。"爸爸拿出自己的最后一张图,"最后要给你讲的扩展稍微复杂一些,不过也好理解。你看!"爸爸指着图接着说,"这是一个多边形 $A_1A_2A_3\cdots$,中间任意一个点 O 向各个边做垂线,交于 $B_1B_2B_3\cdots$,我们有 $A_1B_1{}^2+A_2B_2{}^2+\cdots+A_nB_n{}^2=B_1A_2{}^2+B_2A_3{}^2+\cdots+B_nA_1{}^2$。勾股定理只是这个等式的直角三角形特例。妞妞能想想如何证明吗?"

妞妞想了好一会儿,从 O 点到每一个顶点都拉了一条线。"对每一个直角三角形都使用勾股定理,循环联立,消掉同类项可以证明。"

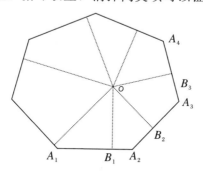

爸爸非常开心,"妞妞的观察和推理的能力确实很棒!最后咱们稍微说说勾股数就结束今天的趣味数学。勾股数也就是满足勾股定理的正整数组。3、4、5自然不必多说,类似就有6、8、10,9、12、15,等等,这都不足为奇,只能算一组。5、12、13可以算另外一组;8、15、17一组;7、24、25一组;20、21、29一组。妞妞能再发现几组吗?"

"如果你有一只生金蛋的母鸡，你该怎么办？"看着姐姐一脸的迷惑，妞妞得意地笑了。这个问题一直到姐姐离开我们家，也没回答得了。临睡前我问妞妞这个问题的正确答案是什么，妞妞坏笑着说："赶紧给自己一个耳光吧！你在做梦呢！世界上哪有什么生金蛋的鸡！"

十三、费马的陷阱

　　天气越来越冷，昨天晚上的气温已经到零下 5℃ 了，这个时候山上的枫叶都红过了。因为天天刮北风，天空极为蔚蓝，阳光明媚，空气也透亮，人们脸上的神情好像也被北风刮得更加的爽朗。

　　妞妞的表姐在北京一所知名大学的附属中学上学，今年考大学。妞妞十分崇拜自己的姐姐，因为姐姐不但成绩优秀，妞妞的难题从来都难不住她，而且她还是班长。"可以批评不守纪律的同学。"妞妞说，觉得这样实在太神气了！而妞妞自己"只是一个卫生委员"，管管同学们的卫生，"远不如班长神气"。

　　这个周末姐姐在我们家吃晚饭。爸爸妈妈在准备饭菜，姐姐在认真温书写作业。等姐姐写完了作业，很想和姐姐一起玩，但是姐姐不太愿意理她，只顾自己抱着本书看。

　　妞妞一会儿跑过去问姐姐喝不喝水，一会儿问姐姐吃不吃水果，姐姐看书看得非常投入，头也不抬，就说声："谢谢，不用！"就不理妞妞了。妞妞看实在不行了，就直接央求姐姐和自己玩一会，"和我打牌吧！求你了！"

　　姐姐没办法，只好抬起头说："妞妞，我出一个题，你做出来了我就和你打牌，好不好？"

　　妞妞有些犹豫，迟疑了一会儿，还是说："好吧，不过你不许反悔哟！"

　　"3 的平方加 4 的平方等于 5 的平方，对不对？"姐姐说。

"对呀，不会就是这个问题吧？"姐姐得意地鼓了鼓腮帮子，"我早就知道这个勾三股四玄五的直角三角形了。"

姐姐一点都不慌，接着说："那你能不能找到这样的三个数字，其中两个数的立方之和等于另外一个数的立方？"

"这有什么难的，看我的！"妞妞微笑着说完，拿了一张白纸，坐在客厅里开始写。

姐姐得意地笑了，回到自己的书桌旁又开始埋头学习，心里想：总算把她打发走了。

姐姐一直到爸爸叫吃饭了，还没抬起头来。爸爸今天做的是蘑菇鸡汤，就是选土鸡煲出的浓汤，加入两三种新鲜蘑菇，今天还加入了奶油。要是往日这股浓香早就把妞妞的馋虫勾出来了，可是今天妞妞喝起来一点滋味都没有。

放下小碗，妞妞看着爸爸问道："爸爸，你能不能告诉我哪三个数字可以满足两个数的立方和等于第三个数的立方呀？"

爸爸问清楚了原委，笑着对妞妞说："这样的数字是不存在的，这是姐姐故意给你出的没有答案的难题。"

"啊！臭姐姐，你敢害我！"妞妞说着就装出要用勺子打姐姐的头的样子。"给你可爱纯真的小妹妹设置陷阱！"

姐姐也假装躲避，拿手护住自己的头，嘿嘿笑着说："谁要你缠我的！姐姐的作业很多耶！写都写不完。"

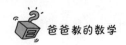

"孩子们先别闹，我们来讲讲这个话题吧！有些东西或许姐姐都不知道呢！"爸爸说："这个陷阱可以叫作费马陷阱，因为这个问题是他最早提出来的。关于这个伟大的数学家，我们一会儿再介绍。"

爸爸也喝了一口蘑菇汤，"我们都知道勾股定理对吧？ $x^2 + y^2 = z^2$ ，那么满足这个等式的自然数有多少呢？"

"当然有无数多了，比如 3、4、5 满足，也就意味着 3n、4n、5n 都满足。3、4、5 的倍数都满足，这已经是无穷多了。"姐姐的回答总是很快。

姐姐想了想说："我还知道一组勾股数 5、12、13，注意到 $25 + 144 = 169$ ，所以我们也可以说 5n、12n、13n 也是满足勾股定理的数组。"姐姐的回答让爸爸很满意。

"我也知道另外一组数可以满足，20、21、29，"妹妹看上去有些着急，"可是为什么就没有自然数能够满足 $x^3 + y^3 = z^3$ 呢？"

爸爸说："别着急，你们慢慢吃饭，爸爸给你们讲。"说着，爸爸拿来了一张纸，在上面画了一个图，然后写下了一串算式。

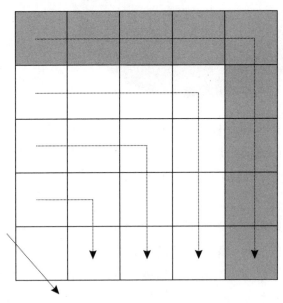

$1^2 = 1$,

$2^2 = 1 + 3$,

$3^2 = 1 + 3 + 5$,

$4^2 = 1 + 3 + 5 + 7$,

$5^2 = 1+3+5+7+9$，

...

$N^2 = 1+3+5+7+\cdots+(2 \times N-1)$。

爸爸回到餐桌，把这张纸给两个孩子看。"最后面的公式是可以用高斯求和来简单证明的。这就是说，累计的奇数之和一定等于某个数的平方，我们看看图就可以特别简单地知道它的含义。"

爸爸指着图说："这就像是剥开的洋葱一样。如果这是一个洋葱的正方形切片。第一层就是 1 个小方块，第二层就是 3 个小方块，第三层就是 5 个小方块，以此类推。但是这样的各层一起总是构成一个正方形，各层之和应该等于正方形的面积，也意味着是某个数字的平方。这个数就是正方形的边长，恰好就应该是最外面一层小方形数量的一半取整再加一。"爸爸说完，姐妹两个都频频点头，面带微笑。

"现在最外面的一层是 9 个小方块，9 刚好是 3 的平方，而里面包的是一个面积为 4×4 的正方形。而 4×4 的正方形加上外面的一层又刚好构成一个 5×5 的正方形。"姐姐还是比妞妞理解得快。"这就是说 $3^2 + 4^2 = 5^2$！"

"寻找满足勾股定理的三个数，就是寻找三个正方形，使得其中的两个面积和等于第三个。不是任意拿两个正方形都可以拼成一个新的正方形的。"

爸爸看着孩子们充满求知欲的眼神接着说："而姐姐今天出的两个数的立方和等于某个数的立方，我们可以把它理解成寻找三个正方体，使得其中两个的体积之和等于第三个正方体的体积。也就是说把两个正方体按单位拆开，可以拼成一个新的正方体。"两个孩子频频点头。

"我们还是拿 3、4、5 来试试。$3^3 + 4^3 = 27 + 64 = 91$，而 $5^3 = 125$，显然不可能相等。倒是把它们三个都加到一起来，$3^3 + 4^3 + 5^3 = 27 + 64 + 125 = 216$，而 216 刚好是 6 的三次方！也就是说我们有 $3^3 + 4^3 + 5^3 = 6^3$，这倒有点勾股定理的样子。"

爸爸吃了点东西。"实际上 1988 年一位哈佛大学的著名数学教授还找到了一个非常复杂的等式，引起了数学界很大的轰动，没有人知道他到底是用什么办法找到这几个数字的，因为用笔来计算肯定是不可能的，计算机来算也依然有一个巨大的计算量。必须有巧妙的算法设计，可能还需要很好的运气才可能发现。你们看 $2\,682\,440^4 + 15\,365\,639^4 + 18\,796\,760^4 = 20\,615\,673^4$。即

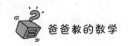
使如此，还是没有人能够找到 $x^3 + y^3 = z^3$ 的整数解。"爸爸看着在吃饭的孩子微微笑了笑。

姐姐抬起头，"真的有那么难找吗？"

"经过数学家们的证明，这个方程就是没有整数解的。不但如此，当 $n > 2$ 时，所有 $x^n + y^n = z^n$ 都没有整数解。换句话来说，所有

$$x^3 + y^3 = z^3,$$

$$x^4 + y^4 = z^4,$$

$$x^5 + y^5 = z^5,$$

$$x^6 + y^6 = z^6,$$

…

都没有整数可以满足。"

"原来是这样呀，坏姐姐你拿这样的题目来难我，我也要让你尝尝我的厉害！"妞妞夸张地瞪着姐姐。

"还远远不止这些呢！这是一个世界性的难题，它的来源具有传奇色彩。"

爸爸喝了口汤，缓缓地说："16 世纪的时候，法国有一位业余数学家，名字叫皮埃尔·费马（Pierre de Fermat）。他的职业是法官，由于平时的交际很少，数学就成为他消磨时间、赢得声誉的业余爱好。他在研究一本古代数学书的勾股定理（法国称之为毕达哥拉斯方程）的时候写下了这样的两行字：

'不可能将一个立方数写成两个立方数之和，或者将一个四次方数写成两个四次方数之和。或者总的来说，不可能将一个高于二次方的数写成两个同样次方数之和。我有一个十分美妙的证明，这里空白太小，写不下。'"

姐姐听了哈哈大笑，妞妞有些莫名其妙地看着姐姐。"这肯定是骗人的，他没有解出来，却又怕别人占了先机。"

"这种可能性确实存在。据说有一位著名的数学家哈代，每次出远门的时候，都会给家里发一封电报说：'我已经找到了解决黎曼猜想的办法。'据说这样就可以让自己安全的旅行，因为上帝不会让其他人再费脑筋解决这样的难题。"两个小家伙高兴得哈哈大笑。

"费马定理从十六世纪到现在，已经有三百多年了。直到 358 年之后的 1995 年，这个难题才被英国数学家安德鲁·怀尔斯解决。

"从解决的办法上来看，费马当年不可能找到完整解决这个难题的办法，

因为这里面使用到了许多现代数学工具，比如，模形式、椭圆方程、群论，等等，但是确实有证据表明费马本人成功证明了四次方程无整数解，而且他的解决办法对于最后解决这个难题有相当大的作用。"

爸爸微笑地抬起头，"顺便说一句，这位伟大的数学家安德鲁·怀尔斯的证明据说世界上只有不到 5 个人能够完全看懂，嘿嘿。"

"哇！太强了！姐姐，我也要给你出一个难题，你敢接受挑战吗?"妞妞盯着姐姐。姐姐说："没问题，你说，我肯定回答得出来。"

"有一样东西是你的，但是大多数时候都是别人在用，请问是什么?"姐姐有些发愣，半天都没回答，最后忍不住嘿嘿地乐，"是什么呀?"

"哼，就是你的名字！"妞妞很是得意，"你也不会回答吧！再来一个，你还不会！如果你有一只生金蛋的母鸡，你该怎么办?"看着姐姐一脸的迷惑，妞妞得意地笑了。

这个问题一直到姐姐离开我们家，也没回答得了。

临睡前我问姐姐这个问题的正确答案是什么，妞妞坏笑着说："赶紧给自己一个耳光吧！你在做梦呢！世界上哪有什么生金蛋的鸡！"

"哦，走过头了。"妞妞不好意思地挠挠头，"是一小时，这个题目有点像青蛙爬井的题目，青蛙白天往上爬三米，晚上溜下来两米，井深五米，几天爬到顶。"说完嘻嘻地笑。

十四、爸爸上学

三月的北京已隐隐有些燥热，可是大多又不敢脱下冬装。每年的这个时候，北京都有沙尘暴，今年似乎好了许多，还下了场雨。天空尽管不那么鲜亮，空气却还清新。

孩子马上要毕业了，爸爸今天特意请假来参加妞妞班的家长会。妞妞的学校是海淀区一所知名大学的附属小学。学校的建筑很宏伟，操场很大，学校的大门口还有保安站岗。教室里电脑、投影、音响很是齐全，看来现在的学校确实是不一样了。

屈着腿坐在妞妞的小椅子上，爸爸很不舒服，一会儿腿就麻了。只好不断地变换姿势，扭来扭去一点都不安分。不过老师和家长们都很严肃认真，教室里很安静，只有老师的讲话声。

语文、数学、英语三科老师先后都讲了话，谈到了孩子们的成绩，妞妞还得到了一个表扬，过去的一段时间进步很快，也谈到了存在的问题。最主要的一个普遍问题是粗心和浮躁，怕苦怕累。这或许是孩子们的天性所致。他们没有办法长时间集中注意力，没有经历过物质匮乏，但是老师也谈到学生的两极分化现象，好的越来越好，不好的越来越不好。这就严重了，因为差距会越来越大，将来考高中、上大学就不好赶上了。

这让爸爸想起了自己的求学生涯。爸爸十岁就离开了自己的父母，到十几里外的另外一个村子上初中一年级。条件用现在的眼光看简直就是"非人的"。

没有洁净的饮用水，学生们在学校边的一条小河里喝水、淘米、洗衣、洗脚。

没有电，学生们用墨水瓶装上些煤油，点灯夜读。每天早晨，同学们都能在对方的鼻孔里看见黑黑的两条鼻涕。教室是村里的祠堂改的，高而空旷，冷得让人打战。

住的地方是大通铺，就是竹片上面铺上稻草。小孩子两个一起，一个带铺的棉絮被和床单，另一个带盖的被子。晚上两个孩子就在一个被窝里睡。一周不洗澡，只有周六晚上回家才能洗澡。时间长了，孩子们个个都有虱子和疥疮，女生也不例外。

当时学校只提供蒸饭服务，上学的学生除了要交5块钱的学费以外，还要每人交200斤柴火。钱可以向妈妈要，柴火却是自己暑假上山打下来的。每顿饭都是孩子们自己把装好米和水的瓷碗放到蒸屉里。学校只有一个老师傅，所以也不做菜卖，孩子们一星期都没有新鲜菜吃，只是用家里带来的辣椒酱、豆豉酱之类的东西就饭。当时有钱的家庭也不过是多出来一坛子猪油或酱油拌饭。一学期下来几乎所有的学生嘴角都因为缺少维生素而烂得流脓结痂。

可是学习的乐趣无穷。现在看来就是因为学得不错，老师表扬，同学羡慕，因而自己的积极性极高，也就越来越好。我真的希望我的孩子也能进入

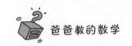

这样的一个状态，似乎这是在我国这种考试制度下能脱颖而出的办法。或许爸爸应该考虑把孩子送到海外去，只是姐姐还真的不愿意。

回到家里，爸爸给姐姐讲了一些家长会的事，姐姐就开始缠着爸爸要听趣味数学故事。爸爸想了想，说："我们今天说说速度路程的问题吧！这是你曾学过的东西，不过爸爸先给你讲一个好玩的故事吧。"

爸爸拿出纸和笔，"这其实也是一个悖论，被人称之为芝诺悖论。悖论是什么，我们以后还会专门找时间来讲。

"芝诺(Zeno of Elea)是古希腊的数学家，他对于有限和无穷这些概念做了非常深入的研究。他说如果希腊跑得最快的人阿基里斯与乌龟之间举行一场赛跑，并让乌龟在阿基里斯前面 1 000 米开始跑。即使阿基里斯能够跑得比乌龟快 10 倍，也永远追不上乌龟。

"芝诺是这样解释的：比赛开始后，当阿基里斯跑到 1 000 米时，乌龟又向前爬了 100 米；当阿基里斯跑了下一个 100 米时，乌龟依然又向前爬了 10 米……所以，乌龟永远在阿基里斯前面，阿基里斯永远都追不上乌龟。"

说完爸爸微笑地看着姐姐。"这怎么可能呢？"

姐姐迷惑了。"快跑的人不是一下子就跑过了乌龟吗？可是你说的看上去也很有道理，好像有什么地方该突破一下才对。"说着眼睛骨碌碌乱转。

爸爸高兴得哈哈大笑，"姐姐你可真的很聪明，芝诺的诡辩实际上就是把时间作了限定，要突破的是时间。只要把时间看作是一个无限的量的时候，阿基里斯跑到乌龟前面就很容易理解了。"

接着爸爸又对妞妞说："和芝诺悖论一样有趣的，还有一个我们称之为'飞矢不动'的好玩的悖论，这也是芝诺的诡辩。所谓'飞矢不动'就是说飞出去的箭是静止不动的，你说这怎么可能呢?"爸爸故意等了等，让妞妞有时间先想一想。

"芝诺提出，由于箭在其飞行过程中的任何瞬间都有一个暂时的位置，所以它在这个位置上和不动没有什么区别。他的逻辑是这样的'这支箭在每一个瞬间里都有它的位置，且占据的空间和它的体积一样大。那么，在这一瞬间里，这支箭是不动的。如果在这一瞬间是不动的，那么其他瞬间也是不动的。所以，射出去的箭是不动的。'"说完爸爸又看看妞妞，希望妞妞能说出这个诡辩中的漏洞。

"时间是没有办法静止的。"妞妞想了一会儿，终于说出了她的想法。

爸爸满意地点点头说："这个悖论的错误在于它偷换了概念，即'瞬间'的概念。芝诺所说的'瞬间'是假设的没有长度的时间点，而这些没有长度的点是不可能组成飞矢飞行的全部时间的，全部时间中的每个瞬间都是有长度的，两个'瞬间'的概念是不同的。"

"是这样呀!"妞妞觉得自己说的理由也没错，心里很美。

爸爸接着说："爸爸再出一个题目，这个题目可是连人类历史上最伟大、最聪明的科学家爱因斯坦都犯过错误的哟!"

爸爸一边说，一边在纸上画示意图。"爸爸小的时候上学要走 10 公里的山路到学校，一般用两个半小时的时间，每星期回家一次。有一次爸爸已经出发了两小时，奶奶发现爸爸没有把这个星期的辣椒酱带去，就让你的姑姑，也就是爸爸的妹妹给爸爸送过去。

"姑姑当时才 7 岁，刚刚上二年级。一个人走山路，她很害怕，不过她也很勇敢。要是走路姑姑不如爸爸走得快，但是幸运的是这次有位骑自行车的叔叔刚好要路过爸爸的学校。姑姑于是就坐在这位叔叔的自行车上，希望能追赶到爸爸。如果自行车的速度是 10 公里每小时，请问多久能追上?"

妞妞开始在纸上列式子计算。设 t 小时后追上爸爸，那么我们就有这个等式：

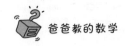

$$10 \times t = (\frac{10}{2.5}) \times 2 + (\frac{10}{2.5}) \times t。$$

这样的话 $t = 1.5$ 小时。

"一个半小时之后能赶上。"妞妞抬起头，很肯定地回答。

"不对，不对！"没想到爸爸又哈哈大笑，"你想一想自行车到爸爸学校只需要一小时，爸爸走到学校也不过是再需要半小时，自行车一个半小时走到哪里去了？"

"哦，走过头了。"妞妞不好意思地挠挠头，"是一小时，这个题目有点像青蛙爬井的题目，青蛙白天往上爬三米，晚上溜下来两米，井深五米，几天爬到顶。"说完嘻嘻地笑。

"要是想在路上赶上爸爸，自行车的速度最少要到 20 公里每小时，也就是必须在爸爸到达之前走完这 10 公里路，而爸爸到达只需要半小时，所以半小时走完 10 公里也就是自行车的速度要 20 公里每小时。"

"你再给我出一个题，一定做好！"妞妞的积极性来了。

"好，你听好了。两个小学生在操场上跑步，跑道长 400 米，如果他们同方向跑，那么 3 分 20 秒之后相遇，如果相反方向跑，40 秒后相遇。你能算出他们的速度吗？"

"还真不简单，"妞妞嘴里说着，手下开始写，"如果相反方向跑，也就是说两人一起跑过了 400 米，设他们的速度分别是 v_1 和 v_2，就有 $(v_1 + v_2) \times 40 = 400$。

"相同的方向跑，就是说它们两个人跑得路程差距是 400 米，也就是说 $(v_1 - v_2) \times (3 \times 60 + 20) = 400$。哈哈！把它们简化一下就是：$v_1 + v_2 = 10$，$v_1 - v_2 = 2$。这样 $v_1 = 6$ 米/秒，$v_2 = 4$ 米/秒。"

"妞妞的确是很棒！爸爸今天的趣味数学就到这里了，妞妞得了满分！"

"耶！"妞妞大声喊道，"我要去玩电脑游戏喽！"

攒钱是一个好习惯，不过攒钱只能把已经有的钱收藏好，更重要的是要学会赚钱。金钱不是用来攒的，要是这样那就是守财奴葛朗台了，做金钱的奴隶，有钱又有什么意义？钱是用来使用的，最好是用来赚钱的，这样你才是金钱的主人。不是钱指挥你，而是你使用钱。

十五、会计妈妈

暑假妈妈带孩子去欧洲旅游，爸爸因为工作实在是太忙，就没有一起去。她们一路上去了《音乐之声》故事发生地奥地利美丽的萨尔斯堡，西西公主宫殿所在地音乐之都维也纳，去了《巴黎圣母院》故事发生地浪漫的巴黎，参观了满是艺术珍宝的卢浮宫，还有《罗马假日》故事发生地意大利罗马，去看了古斗兽场，还有宏伟的梵蒂冈，等等。一路上妞妞睁大眼睛，竖着耳朵，用小相机拍呀拍，生怕漏看了一样奇迹，少听了一句惊奇。

一路上妈妈没少给妞妞讲故事，各种欧洲历史典故，各种经典电影。不过妈妈也讲到了许多和钱、数字有关的故事，因为妞妞的妈妈是一名银行会计，就是天天和钱、数字打交道的。

这一天妈妈和妞妞两个人坐在旅游大巴上，车从萨尔斯堡开往慕尼黑。沿途天色湛蓝，有丝丝白云点缀。牛羊悠闲地在草地上觅食，天鹅在湖面上漫游，各色景致让人应接不暇，美不胜收。空气异常清新，青山绿水令人心旷神怡。

一路上妞妞总是想买各种各样好玩的小东西，妈妈拦不住于是想出一个主意，就是规定妞妞这次旅行的零花钱是 50 欧元，买什么可以自己决定。这一下妈妈轻松了，不用劝孩子少买，妞妞自己手紧了许多。这才过奥地利，还有德国、法国、意大利、比利时好几个国家！她心里盘算德国只能花十欧元以内，最好 5 欧元。

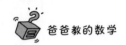
"妞妞将来赚了钱干什么?"妈妈问。其实爸爸妈妈商量过,都希望孩子树立正确的金钱观念。

"攒起来啊,还给爸爸妈妈、爷爷奶奶用啊!"妞妞回答倒是快,"买房子,买车子,还有新衣服,还有出去旅行。"

"爸爸妈妈倒不需要妞妞的钱来用,孝敬父母孝敬老人当然是好的,不过关于金钱,你还有一些东西需要知道。"妈妈身材娇小,性格温和,说话慢慢地,不过对于金钱有自己的独到看法。

"妈妈觉得金钱是人生自由的保证,是把你的人生推高的动力。"妈妈觉得这可能太抽象,于是接着解释,"比如,不能把金钱当作唯一目的,为了赚钱而赚钱,这没有什么快乐。赚钱的目的是为了使用,比如,我们出来旅游,看看这个精彩世界的各个角落,也感受一下别人是如何生活的,没有钱是做不到的。再比如,你长大了上好大学,你喜欢的专业可能学费贵,爸爸妈妈赚钱供你上喜欢的学校就非常有意义。金钱只有在正确使用的时候才实现它的意义。"

"那我多攒钱去买一个苹果手机也是有意义的啊!"妞妞一直希望有一个苹果手机,因为太好玩了。

"当然,不过妈妈还是认为小学生不应该用这种高级智能手机,一是有点奢侈,再有就是它可能会让你沉迷于游戏、音乐和微信之类,影响你的成长,影响你的学习。等你长大了,能控制自己的行为的时候,妈妈肯定会支持你的。攒钱用来挥霍妈妈不太赞成,痛快一会儿的做法不太成熟。"

"反正我喜欢很多钱，攒起来多开心！"姐姐好像明白又好像还没有全明白，"妈妈不是把我的压岁钱买了股票吗？今天涨了吗？"

姐姐的压岁钱不少，家里的孩子少，爷爷奶奶、姥姥姥爷、伯伯姑姑、大伯大姨每年都给她不少压岁钱。之前孩子小，妈妈可以半骗半哄把压岁钱收走，不过孩子慢慢大了，对金钱有了观念，爸爸妈妈就用这笔钱给孩子买了一家比较靠谱的混合型基金。

"今天早上妈妈看了，涨了一点哦！"

"耶！"姐姐十分高兴，忍不住轻轻鼓掌。

"攒钱是一个好习惯，不过攒钱只能把已经有的钱收藏好，更重要的是要学会赚钱。金钱不是用来攒的，要是这样那就是守财奴葛朗台了，做金钱的奴隶，有钱又有什么意义？钱是用来使用的，最好是用来赚钱的，这样你才是金钱的主人。不是钱指挥你，而是你使用钱。"

"我们班的土豪拿自己的压岁钱买别人写作业。"姐姐想起来班上的"土豪生"。

"那不是花钱让别人害自己吗？"妈妈觉得现在的孩子确实是早熟，社会不良影响也太大了。"妈妈问你个问题好不好？"

"好啊。"

"你说股票昨天下跌 5%，今天上涨 5%，是不是还是原来的价格？"

"不是啊，跌了再涨要比原来的价格少一点。"姐姐回答不假思索。

"你再好好想想啊！先下跌再上涨和先上涨再下跌哪个大？"妈妈拿出笔和小本，放到姐姐手里，"算算看！"因为姐姐的暑假作业需要她每天都写一点，所以纸笔是必须旅行携带的。

姐姐仔细算了算。"妈妈，我说的对啊，就是比原来小一点，不过不管是先下跌还是后下跌，结果都一样，你看。"

姐姐在小本上写下了一个算式：$A \times (1-5\%) \times (1+5\%)$。

"大概会比原来小 0.25%。我们老师讲过这道应用题的。"

"姐姐数学真棒！好多人都搞不清这个小问题。妈妈再给你出一道题，好不好？"妈妈真心喜欢孩子的聪明。

"姐姐的压岁钱买某个股票，去年三月份买了 2 000 股，每股成本 3.5 元，今年四月份又用压岁钱买了 1 500 股，每股成本 5.5 元。最近股票涨势不错，

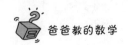

感觉可能会向下调整，于是把股票卖出了 3 000 股，每股价格为 6.8 元。今天股票价格是 5.2 元，还剩余 500 股，请问妞妞赚了多少钱？剩余的 500 股股票成本是多少？为简单起见，不计算交易手续费等其他费用。"

妞妞提笔埋头开始计算。

2 000 股每股 3.5 元，共花了 7 000 元。1 500 股 5.5 元共花了 8 250 元。卖出 3 000 股每股 6.8 元，共有 20 400 元。剩下 500 股，每股值 5.2 元，是 2 600 元。于是一共赚了 20 400＋2 600－7 000－8 250＝7 750 元。

剩下的 500 股成本就是平均成本 $\dfrac{(7\,000＋8\,250)}{3\,500}＝4.36$ 元。

妞妞把计算过程讲给妈妈听，妈妈说："计算得很正确，真是太棒了！不过妈妈要是把题目小小修改一下，你再想想看。"

妈妈接着说："去年买的股票是 A，今年买的股票是 B，不一样的两种。出卖的股票是 A 卖光，B 留下 500 股，出卖价格还是 6.8 元，B 股这几天的价格是 5.2 元。请问赚了多少钱？"

"哈，这个简单。"

妞妞开始计算。

A 股股票赚钱为 2 000×(6.8－3.5)＝6 600 元，

B 股股票赚钱为 1 000×(6.8－5.5)＝1 300 元，

可是目前剩下的 B 股股票 500 股亏损了，一共亏损 500×(5.5－5.2)＝150 元。

总共赚了 6 600＋1 300－150＝7 750 元。

妈妈夸奖妞妞计算非常正确，但是把题目又再修改了一下，剩下的股票是 A 股 500 股，其他都不变。要计算赚了多少钱。

"妈妈，"妞妞有些不耐烦，这样算来算去好像没啥意思，"还算啊？"

"就这次了，一会儿妈妈就给你讲好玩的事情。"妈妈安慰妞妞。

妞妞接着计算。

A 股赚钱 1 500×(6.8－3.5)＝4 950 元，

B 股赚钱 1 500×(6.8－5.5)＝1 950 元，

剩下的 500 股赚 500×(6.8－3.5)＝1 650 元，

一共赚钱 4 950＋1 950＋1 650＝8 550 元。

妞妞把计算结果交给妈妈，望着妈妈，不知道妈妈会讲什么有趣的事情。

"首先妈妈教妞妞，股票出卖变成钱之后交易才算完成，亏了或赚了才不可改变，对吧？所以还没卖出的股票，不管是涨了还是跌了，都是浮赢浮亏，也就是可能会变化的盈亏，这样的我们可以不计算，当然计算也是可以的，但是要不同对待，毕竟它还没有发生。"

妞妞点点头，表示理解。

"要是不计算浮亏浮盈，第二种计算实际赚钱总数是 7 900 元，第三种赚钱 6 900 元，对吧？"

妈妈简单计算了一下。

接着说："第一种方法是经常使用的利润计算方法，叫总收益减去总成本。第二种和第三种计算的实质变化只是把先买进的先卖出和先买进的后卖出的不同，A、B 股票还是同一种，但就是留下的股票是后买进的即第二种计算，是先买进的即第三种计算，别的都没有变化，对吗？可是利润计算结果却是不一样，这是不是什么地方出错了呢？"

妞妞有些茫然，一下子还不能完全明白妈妈所说的全部，不过好像是什么地方出了问题。"怎么买进花的钱是一样的，卖出拿到手里的钱也是一样的，不同的方法计算出的赚的钱数却不一样呢？"

妈妈看着妞妞微笑，"妞妞看到了问题的实质。妈妈学会计，就想教给你如何计算利润。这三种计算方法都是正确的，第一种叫平均成本法，第二种叫先进先出法，第三种叫先进后出法，都是用来计算库存货物的成本的办法，但是不同的方法一旦选定，就不能随便变化。很显然，如果股票的价格一直上升，先进先出，先买进来的股票先卖出，实现的会计利润就高，反过来就低。在实际交易不变的情况下，可以在某个范围内管控最终利润，实现利益的最大化。"

"哦，可是实际的东西并没有变化啊？"妞妞还是不太明白。

"随之而来的东西会变化，比如，不同的利润额本年度缴的税就不一样。"

"哦，好像是不一样。我还以为算多的就好，其实不好啊！赚钱多缴税就多。实际不变，算的越少越好啊！"妞妞一下子就明白了许多。

"妞妞真聪明！会计计算和我们日常的感觉有一些不一样，应该说是更加科学，更加规范和严格。会计利润和现金是不一样的，有些公司会计利润很低，现金却很多，相反的也有。"

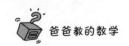

"这可能吗？哪些公司会是这样啊？妈妈？"妞妞第一次听说这些新奇的东西。

"比如，出租车公司，司机每月都上交车费现金，但是出租车公司的会计利润却并不那么高，这是因为出租车公司在之前花了大量的钱购买汽车，购买出租车许可牌照。现在每个月收到的钱相当一部分要用来摊销之前的购车成本，支付出租车牌照费用。"

"那还有什么样的公司现金收入不多利润却很高呢？"妞妞很好奇。

"有哇，有的上市公司生产出来的货物卖不出去，就把货物大量发往中间商和销售公司，签署销售协议，实际上货物还是积压在库房，不过会计账上却成了应收账款，计入会计收益，形成虚高的会计利润。可坏了！"

"啊！那我可不能买这样的股票啊！"妞妞很担心。

"没事啊，妈妈厉害着啦！"妈妈轻轻拍拍妞妞小脸。"妈妈出一个小题目妞妞今晚思考，好吗？"

"好啊！妈妈，你看奶牛！"妞妞指着路边山坡上一群黑白相间的奶牛。

妈妈微笑着接着说："有三个好朋友出去旅行，到了一个小山村的小旅店，只剩下一间房，房价300元，于是三个人每人出100元钱。老板看他们三个学生也没有多少钱，就让伙计退回三人50元，算是一点点优惠。伙计是一个坏家伙，把20元自己藏起来了，只给三人退回每人10元，一共30元，心里还想：50元你们没法分，我还帮你们的忙了呢！

问题是：三个人每人最终出了90元，加上被坏伙计私藏的20元，一共290元，还有10元钱在哪里呢？"

人类手脚总共有二十个指头，为什么不是二十进制呢？你们还是低年级的小学生的时候，不是还经常脱掉鞋子，用手指头和脚指头一起来完成计算吗？

十六、为什么一小时是六十分？

妞妞今天很高兴，因为她的一篇作文被老师当作范文在课堂上朗读了，而且老师说在家长会上会把这学期的所有范文汇编成册，送给每一位家长。回到家里，妞妞急着要爸爸看她那篇作文，文章是写我们住过的几处房子，其中最出彩的地方是妞妞对几个小区的风景描写，准确又充满童趣。妞妞说："我就觉得要写小区四季最美的地方，不但要写花草景物，更要写我的心情和我的朋友。"

"是呀，一年三百六十五天，春夏秋冬就概括了，可每一天都有美好的事情，每一个地方都有可爱的东西，最让人感动的还是人的情感。"爸爸说这些话的时候，心里有些感慨时光太快，转眼自己就要过生日了。

"爸爸，为什么时间是每小时分为六十分？而别的都是 1 米等于十分米呢？是不是设计时钟的人的幸运数字是六十呀？"写完作业，妞妞突然提问了。

"妞妞的问题越来越有水平了！这说明妞妞的观察思考很细心，"爸爸很高兴，"这实际是一个进制选择的问题，时间用的是六十进制，而一般的记录中都使用的是十进制。我们古代的人对时间的认识是从太阳东方升起、西边落下，月亮的圆缺以及草木的枯荣开始的。最早记录时间的是插在地上的木棍，太阳的光照变化使得木棍的阴影在地上画了一个半圆，太阳当空照的时候，阴影最短而且在半圆的中间，对不对？古人在这个现象的基础上完善出来的计时工具叫'日晷（guǐ）'。"说到这里爸爸想起前几天带孩子去清华的事。

"你还记得我们在清华里看到的日晷吗？就是一块圆形的石头，中心有一

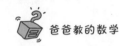
根长长的铁指针，圆盘上有一条条的刻纹。"

"记得，记得，当时我还说世纪坛也像是一个日晷呢!"妞妞兴奋地回答道。

清华校园里的"行胜于言"日晷

"一天没有分为 10 小时，是因为一个圆盘上等分为 10 实在不是件容易的事，你不妨试一试。而等分为 8 或者 12 就很容易，先把圆等分为四份，再一分为二或一分为三。一个圆分为 12 个小区而不是分为 8 个，和一年被分为 12 个月有直接关系，而一年 12 个月又和月亮的圆缺有直接关系，月圆一次大致就是一个月。一年就是一个圆圈，年年岁岁，循环往复。所以，先有一年分为十二个月，我们的古人把一昼夜分为十二个时辰，一个时辰相当于现在的两小时，不过时辰这个词现在已经不怎么使用了。时辰的名称分别是子、丑、寅、卯、辰、巳(sì)、午、未、申、酉、戌、亥，这也是我们中国的十二进制，也叫地支。"

"原来子丑寅卯是从这里来的呀，这些字本身有什么意思吗?"妞妞好奇地问。

"目前没有什么特别的意义了，只是在特定的场合下代表顺序，估计最早发明出来的时候是有自己的意思的，用得少也就忘了。为了更好地记住这些文字，我们古人就把它和老百姓熟悉的十二种动物联系在一起，这就是十二生肖，比如，子鼠丑牛。"

妞妞很高兴地说："我知道，我知道！小老鼠真神气，个头不大排第一，老牛第二虎第三，兔子老四跑得欢。龙第五蛇第六，马是老七不落后，羊第八猴第九，小鸡跟着快快走，狗排十一汪汪叫，老猪最后来报到。"

爸爸听得哈哈大笑。"太好了！太好了！我们的古人经过长期的观察之后知道一年有 365.25 天，而最接近 365，容易在一个圆环上刻度的数是 360，所以把一个圆环分为 360 度就成为最自然的选择了。我们的一小时也可以分为 360 秒，可惜 360 秒不好度量，中间加入一个分，一小时＝60 分＝3 600 秒也是为了合乎人的感知。其实我们在往下或往上就不再是 60 进制了。一秒钟被等分为 10 份或 100 份，而 24 小时才被称为一天。"

妞妞十分惊奇，"原来这里也有道理呀！那我们的十进制也有什么道理吗？"

爸爸反问妞妞："你能不能够猜一猜呢？"

妞妞想了一会儿，伸出自己的两只手，轻声说："是不是因为我们十个指头哇？"

爸爸笑了。"很有道理。人类的十进制确实是因为人类的十个指头，至于为什么人类的手指头、脚趾头都是十个，就只有老天爷知道原因了。不过人类学家说五个指头可以获得最佳的握力和最灵巧的自由组合。我们也观察到自然界里面的动物，四肢凡是五个指头分开的，一般都更加灵巧一些，比如，猴子和猩猩的'手'。少于五个指头或是有一个指头退化得厉害的，或是五指分不开的，抓握的能力极低，一般都只是用来爬和行走，比如，老虎的爪子

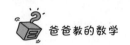
之类的。妞妞，那我问你，人类手脚总共有二十个指头，为什么不是二十进制呢？你们还是低年级的小学生的时候，不是还经常脱掉鞋子，用手指头和脚指头一起来完成计算吗？”

妞妞轻轻拍打了爸爸背一下，噘着嘴说："哼，我们才不用脚指头呢！不选二十进制是不是就是因为脚指头用起来不方便呀？也太臭了吧！"说着又觉得好笑。

"对，我们的古人好像是先发明了五进制，金、木、水、火、土，又叫五行，后来才发明十进制的。这也很自然，对不对？毕竟我们一只手有五个指头，而且我们的古人认为世界就是这五种元素构成的。"妞妞又开始笑了。

"从我们有文字记载开始，十进制就固定下来了。但是中国最早的十进制，还不仅仅有一、二、三、四、五、六、七、八、九、十，还有现在还在使用的甲、乙、丙、丁、戊、己、庚、辛、壬、癸，也叫天干，用于记录数值较小的顺序和数量。

"古人把天干分别对应于前面说到的五行，甲对应硬木，乙对应软木，丙对应太阳火，丁对应灶房火，戊对应山土，己对应沙土，庚对应粗金，辛对应精炼金，壬对应海水，癸对应于雨水。传说天干和地支是黄帝在观察天象、体会四季之后发明的，主要用于记录和表述历法年代。"

"难道说世界真的都是由金、木、水、火、土构成的吗？你还记得我们曾经讨论过的阴和阳吗？你告诉我世界上的所有事物我们的老祖宗们都可以分出阴阳来。"妞妞歪着头问道。

"记得，记得。我们的古人由于科学知识有限，认为世界就是由金、木、水、火、土五种基本元素构成的，但是他们的五种元素的含义要比我们的观念广泛得多。例如，古人把所有的金属都归于'金'，其实金属的种类很多。如果我们仔细地理解古人的思维，这也很自然。古人眼睛里的世界不就是由土地山石、草木庄稼、河流湖泊、金属以及不太好解释的火构成的吗？不过这种观念是不对的，我们在上回'大数和小数'中不是已经讲到过世界是由多种基本化学元素构成的吗？"

"爸爸说的对。那我们还有别的进制吗？"妞妞问道。

"刚才我们说到了五进制、十进制、十二进制和六十进制。如果你还记得算盘的话，一定还记得上面的珠子代表5，这看上去也像是5进制。不过这肯定是由我们古人的'筹'算留下来的。"

"什么是筹哇？"

"'筹'简单说就像你们小学生用过的竹签子，用于计算。我们古人发明了一组数字的表示方法，1～5分别用纵向或横向排列的相应数目的算筹来表示，6～9则在上面算筹的基础上加相反方向的相应的算筹来表示，这样由高位到低位排下来就可以表示一个数字，中间遇到0就用空格表示。这样按照纵横相间（"一纵十横，百立千僵，千十相望，万百相当"）的原则可以表示任何自然数，如六千七百零八表示为 ⊥┬ Ⅲ，遇到零的时候用空位表示。

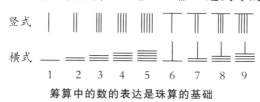

筹算中的数的表达是珠算的基础

"除此之外，我们的古人还有八进制，这就是八卦，乾、坤、震、巽(xùn)、坎、离、艮(gèn)、兑。我们古人也把它们和一些常见的自然现象挂钩，分别代表'天、地、雷、风、水、火、山、泽'。这八个基本卦交叉组合，就构成了八八六十四卦，包罗万象，预卜凶吉，而且古人还认为阴阳太极代表世界万物的两个方面，太极生两仪，两仪生四象，四象生八卦。八卦

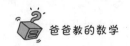

中的地、山、水、风属由阴生；雷、火、泽、天属自阳出。"

"爸爸，八卦怪怪的，它们是什么样子的呀？"

爸爸拿出一张纸，开始在上面画。一边画一边说："这就是乾卦、坤卦、震卦、巽卦、坎卦、离卦、艮卦、兑卦，每一个卦都是由三根线表示的，每根线可以是一根长线，也可以是一根断成两截的线。如果我们用 0 代表断线，1 代表长线，我们实际上可以把这八卦表示为三位二进制数。

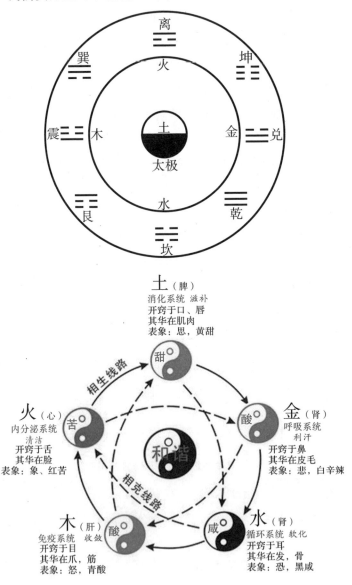

"乾卦 111、坤卦 000、震卦 001、巽卦 110、坎卦 010、离卦 101、艮卦 100、兑卦 011。关于二进制的知识你还不太懂，不过别急，我们后面会讲到的。"爸爸又在纸上画上了一些同心圆，写上了一些字。

"我们古人的科学知识比较少，它们认为八卦可以用来解释世界上所有的事物，比如，用它代表方位，代表等级，代表男女、阴晴、凶吉、进退，等等。其实这里面臆想的东西更多一些，但是这种看事物的两个方面，而不是只专注一个方面，重视事物的变化和转化的思想是我们中华文化里面难得的珍宝。它让我们这个民族更加坚韧乐观，更加积极开放。"

爸爸放下手中的笔，妞妞眼神有些游离，看上去有些困了。看看时间不早了，爸爸说："我们今天说的东西已经很多了，明天再接着说好不好？"

"好吧，不过你得给我讲讲'诸葛亮三气周瑜'的故事。"

妞妞很好奇，心里想：要是能够知道未来的事情该多好！我一定要和戴明琪同学一起玩剪刀石头布，我就会总赢她！还要问问即将到来的数学考试能不能够得一百分。

十七、卜卦可以算出未来吗？

爸爸上周末给孩子买了一套上海人民美术出版社出版的老版《三国演义》小人书。妞妞居然不喜欢看，说是黑白的，不是彩色不好看。现在的孩子！

爸爸想起小时候迷恋这套小人书的情景，自己倒是熬夜再看了好几遍，也把其中的几个故事讲给妞妞听了。不想小妮子也开始疯狂喜欢三国故事了，往往听得手舞足蹈，兴奋异常，天天缠着爸爸要讲三国故事，自己就是不去看那套小人书。

"爸爸，卜卦真的可以知道未来发生的事情吗？诸葛亮就穿着带八卦图的衣服，站在七星台上借东风，还布厉害的八卦阵杀敌的。"妞妞很好奇，心里想：要是能够知道未来的事情该多好！我一定要和戴明琪同学一起玩剪刀石头布，我就会总赢她！还要问问即将到来的数学考试能不能够得一百分。

"预知未来基本是不可信的，但是事情发生总有规律可言的。比如，古时候人们认为房屋前面有水塘，这样的房屋是凶宅，家里小孩会被水鬼带走。其实就是因为小孩不会游泳，被水塘淹死的可能性高而已。知道规律似乎也就能知道一些未来将要发生的事情，比如，我就肯定知道你将来一定会上大学，因为你学习很认真，你上大学的时候录取率会比较高，而且你的爸爸妈妈无法容忍你不上大学。这也算是预知未来了吧！"妞妞开始微笑，心里想：如果我上了大学，我还要和爸爸妈妈在一起，因为爸爸妈妈很爱我。

爸爸没有注意到妞妞的心理活动，接着说："八卦来自一本很古老的书——《周易》，据说是周朝的开国者姬昌被关在监狱里的时候，受上天的启发而写就的一本占卜的经书。在当时还有许多类似的占卜书，不过现在都失传了，《周易》是少有的流传下来的一本。《周易》由于包含了许多朴素的辩证思想，被后来的人们用于解释各种自然现象，甚至应用到政治、社会、医药、武术等多个方面，所以我们都认为《周易》是一本伟大的经书，它对中国人的文化有着极其深远的影响。"

"我要看看《周易》。"妞妞很认真，也很果断地说。

爸爸在书架上拿出一本《全本周易》交给妞妞，妞妞才翻几页就不翻了，望着爸爸不说话。"这个东西对于小孩子来说还是太难了，倒不是核心的道理有多难，而是字太难认，都是些现在不太用的古文字，意思含混，不好理解而已。"

看到妞妞似乎有些累了，爸爸说："我们休息一下，猜个谜语再说一点点趣味数学，好不好？"

妞妞一下子来了精神，眼睛都明亮了许多。

"南阳诸葛亮，稳坐中军帐；布下八卦阵，专捉飞来将。"这是爸爸小的时候奶奶让猜的谜语。

妞妞略一思索，就说："先修十字街，再修八角台。身体不用动，美食自动来。"

爸爸非常惊讶，"这是谁告诉你的？"

"我们同学给我猜过的，不就是蜘蛛嘛！这个谜语太老套了。"爸爸嘿嘿干

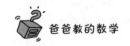

笑，看来今天姐姐一点都不给爸爸面子。

爸爸声音里有些沮丧，"我们还是接着说进制吧。"爸爸看着姐姐笑，不等姐姐回答，就接着往下说。

"最后一种进制是二进制，我们的计算机就是使用这种进制，因为电子计算机使用的是电、磁和光的技术，只有两个状态——'有'或'无'来记住要算的数字，分别表示1和0。最老的电报也是使用长和短两种电波表示所有的字符的。记得有名的莫尔斯电码吗？我们看《无间道》电影里面，刘德华就是用这种方法告知别人消息的。"姐姐想不起来是不是看过这部电影了，不过似乎在别的什么电影里面也看见过类似的情景，不由得轻轻地点了点头。

爸爸接着说："电脑中代表字母和数字的 ASCII 码和莫尔斯电码十分类似，不过是用8位而不是4位二进制数代表一个英文字符，因为电脑中需要表现的字符太多。一个8位的二进制数可以代表256个不同的字符，英文世界里就够用了。可因为汉字要多得多，《康熙字典》收录了四万七千零三十五个汉字呐！所以电脑里面需要用16位二进制数代表一个汉字，姐姐，你能不能够算一算，一个16位的二进制数字最多可以表示多少个中文字符？"

姐姐摇摇头。爸爸拿出纸和笔，一边写一边说道："16位二进制，每一个位上有两种状态，所以总共可以代表 $2^{16}=65\,536$ 个中文字符。我们常用的中文汉字大约七千个，《新华字典》里收录的字有一万多个，六万多足够我们使用了，甚至把繁体字都包括进去都没有问题，对不对？"

姐姐点点头，心里想电脑可以打出汉字来，远远没有游戏好玩，可惜爸爸不太愿意姐姐在电脑游戏上花太多时间。

爸爸接着说："前面我们谈到过，如果我们用0代表短线，1代表长线，我们可以把八卦表示为三位二进制数。乾卦111、坤卦000、震卦001、巽卦110、坎卦010、离卦101、艮卦100、兑卦011。而《易经》上的八八六十四卦可以用六位二进制数来表示，这样说起来，中国还是二进制的老祖宗了。"说到这里爸爸自己也忍不住笑了起来，我们老祖宗拿来占卜的东西居然和现代最前沿的科技有共同的数学基础，真有些滑稽，难怪现在还有人拿电脑来算命。

"姐姐，一个二进制数字的样子就是10100101这样的。"

"爸爸，这是多少呀？是不是要读作一千零一十万零一百零一呀？"姐姐觉得好奇怪。

"对，但是这和我们十进制中的一千零一十万零一百零一是完全不一样的。二进制数字中只有 0 和 1 两个数字，如果变成十进制，第 n 位上有 1 就意味着有 $1 \times 2^{n-1}$。这个二进制数要是变成十进制就是 $1 \times 2^7 + 1 \times 2^5 + 1 \times 2^2 + 1 \times 2^0 = 128 + 32 + 4 + 1 = 165$。任何数的 0 次方都是 1。这个规律可以扩展到所有进制里面。"爸爸慈爱地看了一眼妞妞。

"首先我们看十进制好了。$165 = 1 \times 10^2 + 6 \times 10^1 + 5 \times 10^0$ 对不对？"

"这个很简单。"妞妞不假思索地说。

"比如，在十六进制中，我们用 A、B、C、D、E、F 代表 10、11、12、13、14、15，这样在一个十六进制数字中我们就有 16 个数字，0、1、2、3、4、5、6、7、8、9、A、B、C、D、E、F，一个十六进制数字是这样的，7A9FA，变成十进制就是：

$7 \times 16^4 + 10 \times 16^3 + 9 \times 16^2 + 15 \times 16^1 + 10 \times 16^0$

$= 7 \times 65\ 536 + 10 \times 4\ 096 + 9 \times 256 + 15 \times 16 + 10$

$= 458\ 752 + 40\ 960 + 2\ 304 + 240 + 10$

$= 502\ 266。$"

爸爸看着妞妞接着说："这个五位的十六进制数字代表的十进制数字就有六位。由于可以用 0000 到 1111 十六个二进制数代表 0 到 F 十六个十进制数，我们可以把一个十六进制数字非常简单地化为二进制数。比如，上面的十六进制数字，由于：

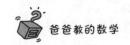

7（十六进制）＝0111（二进制），

A（十六进制）＝1010（二进制），

9（十六进制）＝1001（二进制），

F（十六进制）＝1111（二进制）。

"我们很快就把这个十六进制的数变成一个二进制数，即：

7A9FA（十六进制）＝0111101010001111111010（二进制）。

"左边第一位上的 0 可以不写，这是一个 19 位的二进制数。"

爸爸注意到妞妞已经很久不说话了，明白这些东西对于一个孩子来说可能有些枯燥。于是就开始结束今天的谈话。

"目前我们用的最广的进制是十进制、二进制。前面说到的六十进制实际上还是在用十进制的方式记录，我们毕竟没有一个独立的符号代表 59，对不对？我们目前在称量金银的时候，有些时候还使用一斤等于十六两的老秤，但是日常生活中已经不再使用了。你能不能够帮爸爸计算一下，一个十两的老银元宝是多少克？这就算是留给你的练习，好不好？"

"好吧，不过你得答应我，下次要给我讲一个有趣的数学话题，要比'大数和小数'更加有趣。"妞妞用央求的眼光看着爸爸。

"当然好。"爸爸答应了，心里想：这难道不是很有趣吗？下一个话题我想讲讲圆周率的故事，希望妞妞能够喜欢。

"山巅一寺一壶酒，尔乐苦煞吾，把酒吃，酒杀尔，杀不死，乐尔乐。"爸爸慢慢地说，一边微笑地看着妞妞。

十八、圆周率的故事

今天老师布置了一道思考题，计算阴影部分的面积。妞妞使用了在集合圈这一课中学到的知识，很容易就做出来了。因为把四个半圆的面积加起来，阴影面积就被计算了两遍，减掉正方形的面积，就可以得到阴影的面积。计算不复杂，妞妞是这样写的：

$$S = 4 \times \left(\pi \times \frac{5^2}{2} \right) - 10^2 = (50\pi - 100)\ \text{cm}^2。$$

题是做完了，但是妞妞看着答案，半天都没说话，最后忍不住抬头问爸爸："π到底是个什么东西呀？"

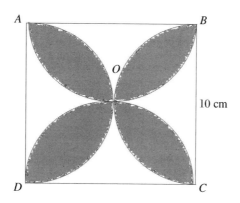

爸爸笑着说："我们今天就讲讲圆周率 π 的故事吧。先问问妞妞你知道圆周率到底等于多少吗？"

妞妞说："3.14 吧！"

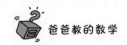

"对，一般我们是使用它的近似值 3.14 来计算，我们也使用 $\frac{22}{7}$ 和 $\frac{355}{133}$ 作为它的近似值。爸爸会背它到小数点后 22 位，你听着啊！"爸爸故意闭上眼睛，摇头晃脑。

"3.141 592 653 589 793 238 462 6。"爸爸慢慢地居然背了下来。

妞妞先是目瞪口呆，继而微笑问道。"爸爸，你怎么能记得住这么多的呀？"

"山巅一寺一壶酒，尔乐苦煞吾，把酒吃，酒杀尔，杀不死，乐尔乐。"爸爸慢慢地说，一边微笑地看着妞妞。

妞妞一边听，一边笑，爸爸念完，妞妞笑得喘不过气，蹲在地上，半天站不起来。

"爸爸，你教我这个，太好玩了！"妞妞笑得上气不接下气地说。"是不是说有一个和尚喝酒的事儿呀？"

"是呀，我会写成文章给你的。"爸爸向妞妞保证。"但是我们今天的话题才刚开始。圆周率就是圆的周长和圆的直径之比，这是一个常数，这已经很神奇了，而且是一个无法通过有限次计算获得的无理数。我们的古人很早就知道圆的周长和它的直径之比，也就是他们的值相除所得的数字是一个不变的数，但是这个数到底是什么，却总没有一个准确的结果。我国在汉朝之前，一般采用的圆周率是'周三径一'，也就是 $\pi=3$。"

爸爸拿起了笔，画了一个圆，再在圆内画了一个等边三角形。"我们要理解这个神奇的数字，我们还是从简单的形状说起。其实正多边形的周长与它们的外接圆直径之比也都是常数。注意必须是正多边形，一般的多边形没有这个特点。我们可以计算一下这个比例，如果计算的过程妞妞不能理解的话，也没关系，我们理解了结果就行了。"妞妞点点头。

"等边三角形的中心到三个顶点的距离等于圆的半径。如果圆的半径是 1 的话，等边三角形的边长就是 $(1+1-2\cos 120°)^{\frac{1}{2}}=3^{\frac{1}{2}}$，等边三角形的周长除以外接圆直径结果大约是 $\frac{3 \times 1.732\,051}{2}=2.598\,076\,5$。也就是说，等边三角形中的边长和外接圆直径之比约是 2.6。

"同样，对于正方形，我们也有其周长和外接圆直径之比为：

$$\frac{4 \times 2^{\frac{1}{2}}}{2} \approx 2.828\,427_{\circ}$$

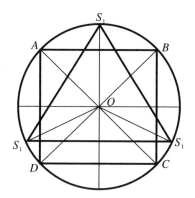

"对于正五边形，计算稍微复杂一些，不过妞妞可以不去管这个计算过程。相应地，我们也有五边形的边长 $= (1 + 1 - 2\cos 72°)^{\frac{1}{2}} = (2 - 2 \times 0.309\,017)^{\frac{1}{2}} = 1.381\,966^{\frac{1}{2}} \approx 1.175\,571$。相应我们有五边形周长和外接圆直径之比为 $\frac{5 \times 1.175\,571}{2} = 2.938\,927\,5$。"

爸爸继续在纸上画图，他的图画的又标准，又美观。妞妞心里好希望自己什么时候也能画出这样好看的图形。

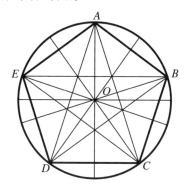

"六边形最简单了，它就是由六个等边三角形构成的，所以他的周长和外接圆直径的比就是 $\frac{6 \times 1}{2} = 3$。

"正七边形和八边形我就不画了，但是它们周长和外接圆直径的比例分别是：

$$\text{正七边形：} \frac{7 \times \left(1 + 1 - 2\cos\left(\frac{360}{7}\right)°\right)^{\frac{1}{2}}}{2} \approx 3.037\,186;$$

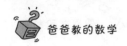

正八边形：$\dfrac{8 \times \left(1 + 1 - 2\cos(\frac{360}{8})^\circ\right)^{\frac{1}{2}}}{2} \approx 3.061\,467$。

"我们把这些正边形的周长和外接圆直径之比罗列下来，可以看见一些规律。

"正三角形周长和外接圆直径之比：2.598 076 5。

"正四边形周长和外接圆直径之比：2.828 427。

"正五边形周长和外接圆直径之比：2.938 927 5。

"正六边形周长和外接圆直径之比：3。

"正七边形周长和外接圆直径之比：3.037 186。

"正八边形周长和外接圆直径之比：3.061 467。"

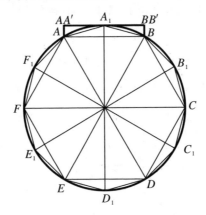

姐姐很快就看出了它的规律，说："它们一个比一个大。"

"对，这与我们的直觉也是一样的。两点之间线段最短，所以边数越多，周长越长，而且它们的周长和圆的周长越来越接近，对不对？"

姐姐说："周三径一实际上就是六边形的比值，这很不准吧！"

爸爸满意地点了点头，说："姐姐说得很对。对于圆周率的计算在很长时间里代表着一个国家的数学水平。据《隋书·律历志》记载，南北朝时期杰出数学家祖冲之确定了圆周率 3.141 592 6 < π < 3.141 592 7。同时，祖冲之还确定了圆周率的两个分数形式的近似值：约率 $\pi = \dfrac{22}{7}$，密率 $\pi = \dfrac{355}{113}$；祖冲之确定的圆周率准确到小数点后七位，这在当时世界上是最先进的，直到一千年以后，才有人打破了祖冲之的纪录。"

姐姐说："我们中国人好聪明呀！有没有好办法记住这个分数呢？"

"有哇!记住$\frac{355}{113}$这个数字非常容易,就是 113 355 中间加一个分数符号,前面做分母,后面做分子。"

爸爸接着说:"可惜现代数学中中国人落后了,不过我们现在赶上的速度很快。祖冲之计算圆周率的办法就是我们今天讨论的方法。通过计算六边形边长和面积,进而十二边形,二十四边形,四十八边形,等等。据我们现代人计算,圆内接正三千零七十二边形时,其周长和直径之比为$\frac{3\,927}{1\,250}=$ 3.141 6,而要得到 3.141 592 6 和 3.141 592 7,必须求出圆内接正一万二千二百八十八边形的边长和二万四千五百七十六边形的面积。这样求出的圆周率才能准确到小数点后七位。"

祖冲之(422—500),字文远,范阳遒县(今河北涞水县北)人。南北朝时代著名科学家。

他推算出圆周率的数值在 3.141 592 6 和 3.141 592 7 之间,比欧洲人早一千多年。

妞妞感叹道:"太了不起了!可是这种办法是不是太麻烦了呢?"

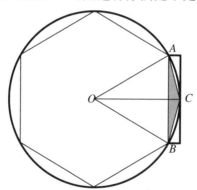

爸爸说:"这在没有现代数学方法的古代,就是最先进的办法了。不过由于祖冲之没有留下他解决问题的过程,现代人也只是推测他应该是使用勾股定理来计算边长和面积,然后用从里外两个方向两边逼近的办法计算的。你平时喜欢只记录问题的答案,写解答过程的时候往往偷懒,不愿意写下思考的过程和推断的逻辑,这样不太好。别人没有办法知道你的思路,往往时间

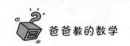

长了你自己也会忘记。"妞妞听到爸爸的批评有些不好意思，不过还是点点头，表示接受。

爸爸接着说："说最后一点就结束今天的趣味数学话题了。假设外接圆半径为 r，我们还有圆内接正多边形的面积和周长的新公式。

正三角形　　周长 $= 3 \times 3^{\frac{1}{2}} \times r$，　　　　　　面积 $= 3 \times 3^{\frac{1}{2}} \times \dfrac{r^2}{4}$；

正四边形　　周长 $= 4 \times 2^{\frac{1}{2}} \times r$，　　　　　　面积 $= 2r^2$；

正六边形　　周长 $= 6r$，　　　　　　　　　　面积 $= 3 \times 3^{\frac{1}{2}} \times \dfrac{r^2}{2}$；

正八边形　　周长 $= 8(2 - 2^{\frac{1}{2}})^{\frac{1}{2}} \times r$，　　　　面积 $= 2 \times 2^{\frac{1}{2}} \times r^2$；

正十二边形　周长 $= 12 \times (2 - 3^{\frac{1}{2}})^{\frac{1}{2}} \times r$，　　面积 $= 3r^2$。

"比较圆的周长和面积公式，我们也可以看到许多的相似之处，周长 $= 2\pi r$，面积 $= \pi r^2$。而实际上，他们也存在逼近的关系。这说起来更复杂一些，不过我们可以记住这些公式，在只给出正多边形外接圆半径的情况下，也可以计算正多边形的面积和周长。还要记住这只对正多边形有效，对非正多边形没有效果。"

"这个有点烦！"妞妞明显不太喜欢死记这样复杂的公式。

爸爸摸了摸妞妞的头，"有一位了不起的科学家，在考察地球上河流的长度之后得出了一个惊人的结论，河流的实际长度和河流的直线长度之比也近似于 π。也就是说，从河流中的某两点计算，只要两点之间的距离足够长，那么弯弯曲曲的河流会比两点之间的距离多出许多，这个倍数近似于圆周率。

这个结论让所有的人困惑不解，不过经过许多科学家的研究，这种情形是由于河水的长期侵蚀，造成许多河湾的缘故。"

"有河湾，就有圆弧，对不对?"妞妞问，"许多圆弧的长度相加，除以直线距离，也就相当于圆的周长比直径了。"

爸爸点点头，对妞妞说："今天的话题有趣吗?"

"还不错，尤其是和尚喝酒的口诀。我要背一背这个口诀，你快教教我吧!"

十九、河图洛书

天气热起来了，妞妞学校要开游泳课，妞妞极为兴奋，第一个报名参加。记得妞妞第一次游泳还是在幼儿园的时候，那时参加了一个游泳班。教练姓陈，他给全班的孩子们绑好浮板、救生衣之类的东西后，把他们全部轰进了深水池，说是熟悉水性。

妞妞害怕得大哭。一开始所有的孩子都在哭，慢慢哭声就少了，最后也就有几个孩子在哭，而妞妞一直是哭得最大声的一个。妞妞大哭着慢慢划到池边时，教练用大长竿子，又把她推到水中央。妞妞再次大哭，一直哭了一个多小时，别的孩子不哭了，她还在哭。妈妈在岸上看的心痛，也就不忍心再送孩子去游泳班了。从此以后只要是说姓陈的老师或教练，妞妞都不高兴。

不过妞妞其实是极其喜欢水的。爸爸每次去游泳，都必须带妞妞去，不然妞妞就闹小脾气。爸爸也教，但是有一搭无一搭。忽然有一天，妞妞自己会游了！而且越游越娴熟，游两百米一点问题都没有，可以自己单独到深水池里玩了。

这个周日的下午，爸爸又带妞妞去游泳。妞妞对爸爸说："奶奶家里有一只甲鱼，奶奶叫它乌龟，哈哈！乌龟是乌龟，甲鱼是甲鱼，奶奶居然不知道它们的差别！"

"哦，那是给奶奶煲汤喝的甲鱼，你养的小乌龟全身都是硬壳，甲鱼是有软裙边的。别说，城市里面很多人都搞不清区别的。"爸爸一边昂着头游泳，一边大声地对妞妞说。

"我们的蛙泳为什么不叫龟泳呀？你看不是更像乌龟游？"妞妞又划胳膊又伸腿。爸爸听了心里好笑，又不好多说。"因为青蛙是益虫，而且青蛙游得也比乌龟快多了，青蛙蹬腿，乌龟只是划脚而已，再说如果说人像乌龟、甲鱼这都是骂人的话。"

"哦，看我的蛙腿蹬！"妞妞头往水里埋，一蹬腿快速游了过去。

休息的时候，两个人裹着厚厚的浴巾，坐在游泳池边的躺椅上，爸爸对妞妞说："你听说过河图洛书吗？就是传说中乌龟背上的神秘图画？"妞妞摇摇头。

"河图洛书是两张图，河指黄河，洛即洛水。据说远古时，蛇身人首的伏羲氏是华夏的首领，深得百姓爱戴。他出生于今天甘肃省天水市秦安县，据说每年的农历正月十六他生日这天，天水市的伏羲庙还要举行盛大仪式祭祀这位圣人。

"有一次他在黄河岸边，忽见一龙首马身的神兽，体生双翼，高八尺五寸，身披龙鳞，这就是传说中的龙马。只见它凌波踏水，如履平地，背负青玉，献给伏羲。青玉上面刻得正是'河图'。"妞妞听得入神，"伏羲氏怎么会是蛇身人首呢？"

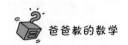

"这是传说，现代人类学家说这是我们祖先蛇崇拜留下的痕迹。实际上我们现在还能看见的龙，也是远古对蛇崇拜留下来的。

"再后来，到了大禹治水的时候，从洛河中浮出一只神龟，背负玉板献给大禹，称'洛书'。河图洛书就是这个样子。"爸爸用手指蘸上水，在玻璃上画了两幅画，看上去很神秘的样子。

"河图有十个数字，用黑白圆点表示阴阳、五行、四象。其中，单数为白点，为阳；双数为黑点，为阴。按古人坐北朝南的方位说，上是南下是北，左是东右是西。你看：

北方：一个白点在内，六个黑点在外，表示玄武星象，五行属水。

东方：三个白点在内，八个黑点在外，表示青龙星象，五行属木。

南方：两个黑点在内，七个白点在外，表示朱雀星象，五行属火。

西方：四个黑点在内，九个白点在外，表示白虎星象，五行属金。

中央：五个白点在内，十个黑点在外，表示时空奇点，五行属土。

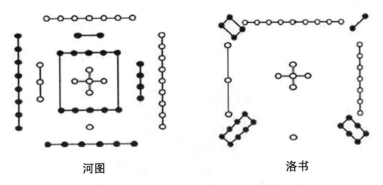

河图　　　　　　　　　　　洛书

其中四象每象各统领七个星宿共 28 宿，就是：前朱雀，后玄武，左青龙，右白虎。"爸爸说得带劲，妞妞却很是不理解，"这都是什么意思呀？"

"其实这里面有许多我们古人对于世界的认识，他们的自然知识不足，所以总会把许多我们现在知道不相关的东西关联在一起，你暂时可以不去管它。远古的时候没有数字，用点代替，如果变成现在的数字，实际上它就是一个数阵，像这样子的。"爸爸说着又画了两个图。

"洛书又叫九宫图，它的横行、纵行、对角线的三个数相加之和，皆为十五，被称为人类历史上最早的魔方。相传洛书中包含了治理天下的九类大法，大禹就是根据这九类大法，制服了洪水，还将天下划为九州。

	7，2	
8，3	10，5	9，4
	6，1	

河图

4	9	2
3	5	7
8	1	6

洛书

"河图稍微复杂一些，它以两个数字为一组，分成五组，以(10，5)居中，其余四组(7，2)、(9，4)、(6，1)、(8，3)依次均匀分布在四周。除中间一组数(10，5)之外，纵向或横向的四个数字，其偶数之和等于奇数之和。

"纵向数字：7、2、1、6 有 7＋1＝2＋6。

"横向数字：8、3、4、9 有 8＋4＝3＋9。

"所以除(10，5)之外，它的奇数之和等于偶数之和，其和为 20。

"还有一个特点是它的四侧或居中的两数之差相等。7－2＝6－1＝8－3＝9－4＝10－5＝5。"

妞妞觉得这个东西很有趣，"爸爸，我们数学兴趣小组做过九宫图这道题，就是把九个数字填进去，满足横竖对角线的和相等，我还是第一个做出来的呢！"

两个人游完泳，回到家里，妞妞还在想关于数阵的奇妙之处。"爸爸，我这里刚好有一道难题，就是数阵的，你给我讲讲好不好？"说着拿出自己的作业本，指着一道带图的题。

这是三个 2×2 格子互相重叠而成的一个数阵，要求把 2～11 这 10 个自然数填入格子中间，使得每一个 2×2 的格子和数相等，问和数最小是多少？

爸爸想了一会儿，"我们先把这十个数的和加起来看看有多大。"一边写下

$$2＋3＋\cdots＋11＝\frac{(2＋11)×10}{2}＝65。$$

"因为重叠了两个格子，所以三个 2×2 求和时有两个数字是需要重复加的。要得最小的和数，我们需要从最小的数字开始。

"没有重复数的时候，65 除 3 除不尽。

"离 65 最近又能被 3 整除的数是 66，增加了 1。这显然不行，因为 2 到 11 中的任何两个数和都不可能为 1。

"再下一个是 69，增加了 4，但是我们依旧找不到 2～11 中的两个不同的

数，其和为 4，也不行。

"再下一个数是 72，增加了 7，我们注意到 2＋5＝7，也就是说 2 和 5 可以是重复的那两个数字。"爸爸把 2 和 5 填入重叠的两个格子里。

"72 就是最小的总和数。你的问题已经有了答案，对不对？最小的和是 $\frac{72}{3}$。但是我想把格子里的数都填上看看。"爸爸嘴里说着，手不停地写下一些数字，一会儿就有了下面的这个图。

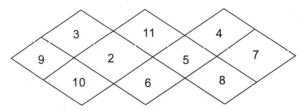

"哈哈，难怪它让你求最小和，它至少有四组答案，中间重复的数字还可以是(6，4)，(8，5)，(9，7)。我把(9，7)也填上你看看。这个时候 2×2 格子有最大和 27。"

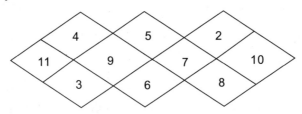

"我一会也把另外的两组填上试试，一个简单的题目原来可以这样研究！爸爸你真强！"妞妞好佩服。

爸爸觉得今天讲的东西已经很多了，于是对妞妞说："我本来还计划给妞妞讲填数阵的游戏，要不今天就到这里了。"

妞妞不干，抱着爸爸非要讲讲。爸爸熬不过，就说："那我简单讲讲规则。

"数阵也叫数独，在世界各地都很风靡，现在的西方报纸上还可以找到这样的游戏，网上也有许多专门的数独游戏网站，还有专门的研究书籍和游戏机。数独'Sudoku'这个词据说是一个日本人发明的，不过我看游戏和我们的九宫没什么本质区别，不过是放大了更复杂而已。

"规则很简单，9×9 个格子里，已有若干数字，你需按逻辑推敲出剩下的空格里是什么数字，使得每一行与每一列都有 1 到 9 的数字，每个小九宫格里也有 1 到 9 的数字，并且一个数字在每个行列及每个小九宫格里都只能出现一次。

"下面就有一个图，你试试看，这就算是思考题了。"

9	3				5	7		
		8		7			3	6
	7						8	9
			6		7			4
				1				
5			9		2			
7	1						4	
4	8			2		9		
		9	4				2	1

在一个班集体里面，老师关注的只可能是少部分的学生，而班级的优秀标准会随着平均水平的增高而增高，所以在老师的眼里，受关注的优秀学生永远只是最好的百分之二十。

二十、优等生总是少数人

妞妞很小就开始学习朗诵，小学六年一直坚持在北京市少年宫学习。实际上爸爸对于学习朗诵并没有多大的热情，因为觉得学了将来也没什么大用处，但是妞妞妈妈和妞妞却非常积极，每周听课、练习从不间断。妈妈认为朗诵可以学习到许多优美的文学作品，加深对文学美的理解，还可以训练孩子讲演的技巧。妞妞在少年宫认识了不少优秀的小朋友，接触到了许多经典的文学作品，看得出老师确实教得很认真。

今天放学回家，妞妞给爸爸拿来了一个奖牌和一个奖状，我们家的妞妞获得了小朋友参加的全国"故事大王"比赛二等奖！耶，好高兴！

爸爸想把妞妞抱起来。我们两个高兴的时候经常做"傅科摆"的游戏，就是爸爸拦腰把妞妞抱起来，左右摇摆，像一个钟摆一样。最多的一次摆了50下。这是我们在参观天文馆的傅科摆之后开始玩的游戏，妞妞很喜欢这个游戏，咯咯地笑个不停。可是这次妞妞却躲在妈妈的身后，有些不好意思的样子。"要是我得了一等奖就好了。"妞妞低着头抠着指头说。

爸爸问道："你觉得为什么你没有得到你预期的一等奖呢?"爸爸心里觉得孩子的压力是不是太重了一点。现在又是六年级，马上要升初中，学习紧张，课业负担相当重，心理负担可不能再加重了。

"我准备的没有完全发挥出来，"姐姐轻轻地说，"老师说我有些紧张，发音不是很洪亮，不够清晰，感情投入不够。"

爸爸走过去摸摸姐姐的头说："好孩子，如果你觉得尽力了，就不要太责备自己了。再说事情过去了，就不用再多想这个结果，因为结果已经无法改变。我们应该做的是总结经验，如果以后不再出现同样的问题，那我们就大大地前进了一步。话讲回来，我觉得二等奖是不错的成绩，也基本上反映出了你的水平。"爸爸耐心又仔细地开导着姐姐。

姐姐点点头，像是长长出了口气说："我们有差不多百分之二十的同学获了奖，一等奖太少，三等奖的很多。"

"那好，爸爸今天讲的趣味数学就从这里开始。其实我们观察社会上的所有事物，都可以得出一个二八规律，就是百分之二十的人，在做百分之八十的贡献。在一个学习集体中，最好的百分之二十的学生，获得了老师百分之八十的关心，包揽了集体百分之八十的事情，而另外的百分之八十的学生，不得不去分担剩下的可怜的百分之二十。"爸爸开宗明义。

"我不太明白，爸爸，是不是说最好的学生只能有百分之二十？"姐姐瞪圆了眼睛，看得出有些糊涂。

"也可以这样说，因为在一个班集体里面，老师的精力有限，关注的只可能是少部分的学生。优秀学生和差生会占据老师精力的绝大部分。而班级的优秀标准会随着平均水平的增高而增高，所以在老师的眼里，受关注的优秀学生永远只是最好的百分之二十。"爸爸解释道。"只有百分之二十的优等生会获得老师最多的关注，中间的学生获得的关注最少。"

"那是不是说，有些同学永远都不可能成为优秀学生？"姐姐很有些愤愤不平。

"二八规律说的不是不可能成为，而是说优秀学生的比例总是少数，说百分之二十只是一个约略的量的概念，并不可能精确。但是它暗示的思考问题的方式是看问题的一个很高明的出发点。你要想成为老师和同学们眼里的优秀学生，你就必须进入这个百分之二十的小范围里面，否则你就不会被同学和老师认为是优秀学生。"

爸爸想了想，接着说："比如，最好的百分之二十的学生数学考试成绩在

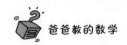

90 分以上，那么你成为数学这门课优秀学生的标准就是 90 分以上。有些时候考题很难，最好的百分之二十的学生数学考试成绩在 70 分以上，那么你成为优秀学生的标准也就是 70 分以上。"

姐姐点点头说："当然是这样。"

爸爸说："根据这个规律，我们也可以这样说，一个优秀学生不需要每一门功课都优秀，重要的功课优秀就是优秀。比如，我们并不要求优秀学生的美术、音乐、体育甚至纪律、卫生都优秀，他们语文、数学、英语三门功课优秀就可以被老师看作是优秀学生。这要求我们在资源不足，无法获得完美的情形下，要集中精力，做好最关键的事，而不是事事精工细作。注意我们能够全部做好的时候这个规律是不适用的。"爸爸总是担心姐姐会由此开始不认真，因为没有办法做到完美。

姐姐又点点头说："那我明白了，我的语文、数学和英语是最关键的三门功课，是必须做好的事情。"听到姐姐这样回答，爸爸总算松了一口气。

"对呀，我们拿到一张试卷的时候，要把会做的题先做完，因为考试百分之八十的题都是不难的，但是它们的排布顺序并不总是从易到难。所以我们在做考卷的时候要先挑会做的做完，再花时间做较难的，最后做最难的。姐姐有些时候会觉得考试的时间不够用，这常常是因为你是一道一道顺序往下做的，这样如果考卷中间遇到了难题，后面的题就没有时间做了。"

姐姐点点头说："我的确有过这样的时候，事后好后悔没有先做后面的，其实我是会做的。"姐姐的声音里有许多的懊恼。

"做完题之后有时间一定要验算，验算不需要一道一道题都再做一遍，而是要在自己觉得没有把握、过去经常犯错误的地方再仔细思考和验算。还有就是根据常识来观察结果，比如，你们的计算一般不会出现特别复杂的数，奇数与奇数的积一定还是奇数，图上明显面积小的，计算后的结果一般不应该比图上明显大的区域面积大，验算最后一位数，等等。验算只需要验算这百分之二十没把握的题。"

妞妞听到这里有些不好意思，又想起上次"10＋6＝60"的错误。

"爸爸在清华讲课的时候也曾讲到过这个规律，当时有一位叔叔在课后对爸爸说：'我们这个课堂是不是只有百分之二十的人在听课，百分之八十的人不过是陪读？'我从来没有这样想过，但是细细想来觉得这话是有道理的。一个班集体中的大部分人上课的积极性是低于全班平均水平的，而且从长期的效果来看，这些人不会在念书这件事情上有太大的作为。当然，书念得不好，不意味着没有出息，人的才能是多方面的。比如，很多艺术上有天分的人，在数字和语言方面的能力就是要差一些。"爸爸希望这些不至于让妞妞感觉到压力。

"语文老师总是点我的名朗读课文，英语老师总是点其他一些固定的同学读课文，数学老师也有一些他喜欢点名的人。我好希望英语老师和数学老师也常常点我的名回答问题。"妞妞若有所思。

"语文老师点你读课文，肯定和你读得好有极大的关系，毕竟你受过正规的朗诵训练。别的老师不叫你回答问题，或许是你在这些功课里没有突出表现。我们一定要进入每一位老师的最优秀的百分之二十的范围，这一点一定要记住哟！如果你们班有四十个同学，你就得在第八名以前才好。"爸爸望着妞妞。

"是不是太难了呀？所有的功课都要前八名。"妞妞有些不愉快的样子。

"确实是有挑战性，不过我们也不是要求你每门功课都在前八名之内，对不对？集中力量，把我们的一些空闲时间用起来，用到最主要的地方，这也是二八规律告诉我们该做的。"爸爸还在鼓励。

"你说的对，爸爸，不过二八规律好像不是太精确吧！"妞妞发现了爸爸的问题。"我们老师就说前十名的都是优等生。"

"是的，不精确，我们今天讲的话题只是模糊数学，实际上社会规律都不

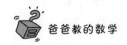

可能精确，但是我们还是用数学来表示和解决它的问题。"爸爸咬了咬嘴唇，想着如何才能把这个问题说清楚。

"数学怎么可能模糊呢？"妞妞问。

"数学是可以模糊的，洗衣机上不是有一个模糊洗吗？我们放到洗衣机里的衣物，没有办法规定必须是多重，对不对？也没有办法定义它是 100 脏，还是 50 脏，对不对？还有也不能精确要求只能是 3 千克衣物，或是 5 千克衣物，对不对？所以洗衣机里面就放置了一些模糊识别的东西。如果要洗的衣物重一些，为了达到规定的转速，输出的力量就大一些。衣物脏的程度重一些，相应的洗涤时间就长一些。数学上有一门专门的方向，就叫模糊数学，他们还可以有相应的模糊电路来实现自动化。爸爸上大学的时候还学过这门课呢！"爸爸说到这里，忍不住又想起自己大学的青春时光。

"模糊数学好玩吗？"妞妞想象不出模糊数学会是什么样子。

"很有趣的，它实际上和我们的概率非常相像。天气预报说的'明天下雨的概率 50％'就是概率的例子，意思是明天有一半的可能性会下雨。"爸爸伸出一个指头，好像天气预报员的样子。

"那到底是下还是不下呀？"妞妞看了爸爸一眼。

爸爸忍不住要笑。"可能下，也可能不下，一半可能下，一半可能不下。就像我们扔硬币，到底哪面朝上没有人说得清，但是它正反面出现的可能性是一样的。"爸爸耐心解释道。

"我们说二八规律，是指一种社会现象，就是事情不是平均、均匀的。比如，主要的事情由少数的人做，财富的绝大部分由少数人拥有，绝大多数的社会资源由少数人或机构占有。可能是百分之八十对百分之二十，也可能是百分之七十对百分之三十，这并不重要，重要的是这条规律告诉我们做事要抓重点。"

"原来是这样啊，爸爸，我觉得你说的话里头，有百分之八十是啰唆的耶！"妞妞开始转动眼睛，露出淘气的神情。

爸爸摇摇头，有些无可奈何地说："你喜欢今天的话题吗？能不能够再找一个二八规律的例子告诉爸爸呢？"

妞妞的大笑声让爸爸都觉得不好意思，"我刚才不是已经发现了一个吗？"妞妞又开始眨那双淘气的大眼睛了。

爸爸估计妞妞放开肚皮吃也不会吃三碗米饭，那么我们就不需要准备三碗米饭的钱了，你说对不对？

二十一、北京的汽车

妞妞在一所大学附属中学开始了她的七年级生活。和姐姐的学校不一样，不过更加有名望。这是她长时间认真学习的结果，全家人都很高兴。爸爸还是习惯于说初中一年级，不太习惯说七年级。新的校园、新的老师和同学，更重要的是新的学习要求和学习内容，让妞妞天天都很兴奋。

九月一个周六的中午，天气还很热。妞妞和爸爸坐在一家环境幽静的餐厅里喝茶，窗外停满了来吃午饭的客人的小汽车。落地窗的隔音效果非常好，远处马路上的车流如同川流不息的钢铁长河，一辆接一辆，没有头也没有尾，无声地滑过。

北京的汽车是越来越多了，人民日报 2009 年曾报道说北京机动车保有量已经超过了 400 万辆，有驾驶证的北京籍居民约 567.9 万人。更让人吃惊的是增长速度，北京机动车保有量从 2 300 辆到 100 万辆用了 48 年时间，而 2003 年 8 月、2007 年 5 月，北京汽车保有量先后突破 200 万、300 万大关，对比之前分别用时 6 年半和 3 年 9 个月，从 300 万辆到 400 万辆，仅用了两年 7 个月！2012 年年底，北京汽车保有量达 495 万辆。因严格的限购政策，到 2015 年年底汽车保有量只是 561 万辆，年排污达 70 万吨。目前北京市新车上牌量每年控制在 24 万辆。

妞妞刚出生的那一年，家里有了第一辆车，只是那时候的车牌是京 C，后来北京的车牌变化越来越快。2002 年开始 F 字头，2004 年 4 月开始 H，2005 年 6 月开始 J，2006 年 8 月开始 K，2007 年 8 月开始 L，而到 2008 年 4 月已经是 M 了，2008 年一年内连续发出了京 M、京 N、京 P 三个号段的牌

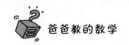

照，到 2010 年春季，P 号段都即将告罄了，大家讨论的是要不要启用京 Q 号段。大家都觉得按照这样的速度，京 Z 出现的日子都指日可待。

像所有的城市孩子一样，妞妞耳濡目染也能识别出十几种汽车商标图案，对和家庭有关的人的车牌号码，也都能倒背如流。

"爸爸，汽车牌照会不会用光呀？"妞妞扭过头来问。

"当然可能会用光，不过我们号牌的设计已经考虑了总容量的问题，比如，我们原来的那辆车京 EE8888 是六位车牌。"爸爸说着，就摸出笔，在餐桌上的餐巾纸上画了六个方块。

"我们把问题简化一下，假如汽车用一位数字作为号码，那么最多能有多少辆车呢？"爸爸含笑望着妞妞。

"十辆，车牌号分别是 0，1，2，…，9。"

"很对，那么两位数字呢？三位数字呢？"爸爸紧接着就问下去。

"两位数字可以是 100 辆，三位数字是 1 000 辆。"妞妞略为思考就给出了答案。

"太好了，如果我们既可以用英文字母，又可以用 0 到 9 这十个数字，那么一位的车牌最多可以有多少辆车呢？"爸爸又抛出了一个有些古怪的问题。

"好像是 26＋10，36 辆。"妞妞有些迟疑。

"对呀！那么两位的车牌又可以有多少辆车呢？"爸爸继续他的问题。

"那我就不会算了。"妞妞抬起头望着爸爸。"你快教教我吧！"

爸爸指着他画的六个方框说："如果每一个格子代表一位车牌号，每一位有多少种选择我们把它写在方框里。你告诉爸爸他们每一位都有多少种可能的选择呢？"

"每一位上都可能出现 0～9 这十个数，同时还可以出现 A～Z 这 26 个字母，所以每一位上的选择是 36 种。"妞妞很肯定地回答道。

　　爸爸在最后的两个框里分别写下两个 36，然后告诉妞妞说："那么两位车牌号最多可以有的车子可以是 36×36＝1 296 辆。我们可以用一个非常简单的办法把他们都写出来。"

　　说着爸爸就在餐巾纸上写下两行一样的文字，分别是 26 个英文字母 A～Z 和 0～9 的数字，然后从第二行的 A 画了几根线，连接到第一行的前几个字母。"以 A 开头的车牌有多少个？"

　　"AA，AB，AC，…，A0，A9，应该是 36 个。"妞妞把头和爸爸顶在一起，慢慢地说。

　　"对，我们同样计算，以 B 开头的也是 36 个，以 C 开头的也是 36 个，而开头的字符是多少个呢？"爸爸问到。

　　"36 个。"妞妞的回答很快。

　　"所以两位车牌的最大数是 36×36。"

　　"哦，我懂了，三位就是 36×36×36 吧？"妞妞很兴奋地说。

　　"对了，北京市的车牌有六位，假设每一位上都可以使用英文字母和数字，那么北京市的车辆数可以有六个 36 相乘，也就是 $36^6＝2\,176\,782\,336$，二十一个亿可是一个巨大的数字。"

　　"北京最多会有多少辆汽车呢？"

　　"嗯，让我想想。"过了一小会，爸爸有了答案。"随着北京人口的增加，生活的富裕，北京机动车总量还是会持续增长。只是按照目前北京户籍 600 多万户家庭计算，不加限制的话，北京机动车保有量就肯定会超过 700 万辆。要是算上 100 万户的新增与流动人口，汽车保有稳定量会是在 800～900 万辆。所以目前的六位汽车号牌资源我们实际上是用不完的。"

　　爸爸抬起头，又看了窗外一眼，心里想：天啦！900 万辆是个什么概念？北京会堵塞成什么样呢？

　　爸爸在餐巾纸上画了几个算式。"500 万辆车已经让北京的交通一塌糊涂，交通委只会采取每周限行一天的办法减少交通量。让我算算看，北京二

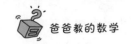

环路全长为 32.7 公里，双向共 6 车道，如果按照一辆小汽车 4.5 米长计算，二环路全排满可容纳近 4.36 万辆车。同样计算，三环路可容纳近 6.4 万辆车；四环路可容纳约 11.61 万辆车。三条环路排满也只能容纳 22.37 万辆车，仅占 500 万辆的 4.47%。也就是说，北京市每 100 辆车中如果有 5 辆车同时上了这 3 条环路，3 条环路就将处于瘫痪状态。老天！"

这时候餐厅已经开始上菜了，先上来的是妞妞最爱吃的糯米藕和百合蒸南瓜。妞妞忍不住看了菜一眼，舔了舔嘴唇。

爸爸让妞妞开始吃饭，不过还是想把这个问题说得更清楚些。"这就好像是一个 36 进制的计数，A～Z 分别代表 10～35，那么现在我们这个六位的车牌就可以看成是一个 36 进制的数字了。它的最大数字是 ZZZZZZ，对不对？这个数字我们把它化为 10 进制我们是会化的。就是 $35 \times 36^5 + 35 \times 36^4 + 35 \times 36^3 + 35 \times 36^2 + 35 \times 36^1 + 35 \times 36^0$。这个计算有些复杂，实际上我们还有一个更加巧妙的计算。ZZZZZZ 这个数字加 1 就是 36 进制的 1 000 000 对不对？变成十进制就是 1×36^6，结果和我们上面计算的是一样的。注意六位 36 进制数还应该包括 000 000 这个数，所以结果就是 1×36^6。"

妞妞一边慢慢吃，一边点头，表示明白了。爸爸接着说："我们在实际使用车牌的过程中，有许多的限制。比如，第一位我们只用了字母，而且由于字母 I 和 1 形状上的差别很小，也不用，加上 O 给公安系统专用，G 给郊区县使用，B 给出租车使用，普通市民实际上可用的字母剩下 22 个。"说着在第一个格子中写下 22，第二个格子下写下 36。

"一般我们第三位以后没有看见字母，只是四位数字，所以选择分别是10。"说着又写下四个10。

"更加精确一点的计算，以前的两位字母加四个数字的车牌模式，北京车牌的使用可以容纳 $22 \times 36 \times 10 \times 10 \times 10 \times 10 = 7\,920\,000$ 辆车。这也远远大于近几年预计的北京市最多的汽车数量。"爸爸说。

"为什么还有最多的汽车数量呀？汽车不会一直增加吗？"妞妞边吃边说。

"这是根据北京市的居民数量以及世界发达国家人均汽车拥有的比例估计的，说起来也就是一个大概的数字，我们在设计工程的时候经常会用到估计最大值的办法。如果最大值能够满足，那么过程中也就不会存在容量和能力瓶颈问题了。比如，爸爸估计妞妞放开肚皮吃也不会吃三碗米饭，那么我们就不需要为你准备三碗米饭的钱了，你说对不对？"爸爸也开始吃饭，一边微笑着看着妞妞。

"能不能有一个好一点的例子呀？"妞妞抗议了。

"好吧。"爸爸点点头，"其实妞妞担心的问题是确实存在的。号段资源尽管多，但是依旧是珍贵的，尤其是需要预留号段供特殊车辆使用，剔除一些不适合的组合之后，号段会明显紧张。所以从 2009 年开始，新号段的投放明显放慢。管理部门在京 N、京 P 号段上扩容。扩容的办法就是加入英文字母。你看。"

爸爸又在餐巾纸上开始写算式。"如果我们把原来的京 N—（数字+字母）+四位数字的模式，如京 NC8888，扩改为京 N—（数字+字母）+（数字）+（数字+字母）+（数字）+（数字）的模式，如京 NC8V88），这样一来 N 字段就增加了 $36 \times 10 \times 26 \times 10 \times 10 = 936\,000$，九十三万个可用的新号牌，不过是增加了一位字母。就这么简单！"

"哈！原来如此！"妞妞夸张地说，夹起一小块金黄的南瓜，放到嘴里。

"小馋猫！你能不能够告诉我，汽车限行能减少多大的交通量？"

"怎么限行的呢？"妞妞笑嘻嘻地问爸爸。

"就是汽车尾号 0 和 5 的周一不许开，尾号为 1 和 6 周二不许开，2 和 7 周三，3 和 8 周四，4 和 9 周五。每隔三个月循环后移一天。"

"我明天一定给你一个完美的答案，不过现在我真的很饿。"

"那好吧，这个问题就留给妞妞作为课后作业吧！"爸爸还没说完，妈妈带着爷爷奶奶也到了，一家人亲亲热热地打招呼，开始吃晚饭了。

高斯求和公式就像是梯形的面积公式，上底加下底乘高除二。

二十二、和谁比赛

　　姐姐喜欢美食，这一点好像是遗传于爸爸。爸爸有北京许多餐厅的优惠卡，知道基本上所有菜系在北京的代表餐厅和代表菜品，而且爸爸经常出差，全国各地、世界各地的美食都有机会品尝。不过爸爸现在有些胖了，不能再多吃，同时因为担心姐姐将来可能会长胖，也督促姐姐多运动。

　　姐姐小的时候学过滑冰，不过好像不是太有兴趣；也学过乒乓球，效果一般。游泳算一项喜欢的，羽毛球也算一项，不过这两样都没有系统学过，就是跟着爸爸玩，也就玩会了，而且兴趣盎然。对孩子而言，似乎哪一项运动并不是很重要，重要的是运动，重要的是和谁一起。

　　这一天姐姐很高兴，在学校打羽毛球赢了一场，一回到家里就拉着爸爸要练习羽毛球。最近姐姐的体育老师让班里所有羽毛球兴趣小组的成员进行排名赛，胜一场得一分，输一场得零分。姐姐在女孩子中间算是打得比较好的，自然是积极分子了。

　　"我们一共有 28 个同学参加羽毛球兴趣小组，我得打 27 场才行，是不是很强呀?"爸爸和姐姐在小区的步行街上一边打羽毛球，一边说话。孩子们的羽毛球也就是把球接起来、打回去，没有什么速度，也谈不上什么角度、技术，所以打起来倒也没什么负担，一样可以从容说话。

　　"太强了! 你有没有算过这样打的话你们一共需要打多少场球?"爸爸觉得有些奇怪。

　　"老师没有说，怎么啦?"姐姐一边努力接球，一边回问道。

　　"爸爸估计一下大概得打 378 场球，就算是一场球只打 21 个，一节体育课打十场，要是打完那该到什么时候呀? 这个学期看来是打不完了。"爸爸回答。

"我们一星期有两节体育课，不过别的课的老师还常常占用，兴趣小组每周有一次专门活动。一星期就算打三十场，也得有十三个星期，四个多月，确实不可能。"妞妞有些气喘，故意把舌头伸出来，像小狗一样呼吸。两个人就停下来，喝喝水，休息一会。

"爸爸，你是怎么算的呀？"妞妞很好奇。

"就是拿 28×27 再除以 2×1。其实说起来也简单，第一个人需要打多少场球呀？"爸爸问。

"27 场。"妞妞答道。

"对，第二个人需要打 26 场，因为他和第一个人的比赛已经在第一个人的 27 场中记录过了。

"第三个人需要打 25 场，第四个人需要打 24 场，如此下去。

"把它们都加起来，就是 $1+2+3+4+\cdots+25+26+27=(1+27) \times \dfrac{27}{2}=$ 378 场球。我计算这个和式的时候用的是高斯求和法，相信你还记得。"

"记得，高斯求和公式就像是梯形的面积公式，上底加下底乘高除二，这里就是首项加末项乘以项数除以二。"妞妞快速地回答道。

"真棒！我们上次讲到的车牌号数学叫作排列，而比赛场次的计算叫作组合。他们的名称也是有意义的，排列讲究顺序，而组合没有顺序。比如，比赛的计算，我们没有必要区别是 A 和 B 比还是 B 和 A 比，对不对？"爸爸继续这个话题。

"这是同一场球赛，可是淘汰赛场次的计算就不一样了，对不对？"妞妞突然想到了即将要进行的乒乓球比赛，谁输了谁就下台。

"对呀，如果有 N 支球队参加淘汰赛，我们先设它是 2 的指数值。要产生冠军，我们最少需要 $\dfrac{N}{2}+\dfrac{N}{4}+\dfrac{N}{8}+\cdots+\dfrac{N}{N}$。比如，8 支队，就需要 $\dfrac{8}{2}+\dfrac{8}{4}+\dfrac{8}{8}=4+2+1=7$ 场赛事。前四场决出四强，两场半决赛决出头两名，最后决赛决出冠亚军。当然实际上我们还需要其他的比赛来决定第三、第四名。"

"参加的队伍要不是 2 的指数值呢？"妞妞觉得要求参赛队伍一定满足 2 的几次方不太合理。

"那要复杂一些。你知道比赛是由人们创造出来的一种游戏，所以淘汰赛

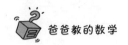

我们一般都预先规定参加的队伍个数，比如，世界杯足球赛有 32 支球队参加，也就是 2^5 支球队。我们先把球队分为八个组，每个组四支球队，在小组内打循环赛。每一个小组的循环赛需要赛 $\frac{4 \times 3}{2} = 6$ 场。8 组共赛 $8 \times \frac{4 \times 3}{2} = 48$ 场。

"每个小组赛的前两名进入 16 强，之后的赛事就是淘汰赛了。16 支球队的淘汰赛最少需要 $\frac{16}{2} + \frac{16}{4} + \frac{16}{8} + \frac{16}{16} = 15$ 场。简单计算就是 16 进 8（俗称八分之一决赛）赛 8 场，8 进 4（俗称四分之一决赛）赛 4 场，4 进 2（半决赛）赛 2 场，决赛赛 1 场。

"淘汰赛和循环赛各有优缺点。淘汰赛的缺点是四名以后的队是根据淘汰赛的进球数、净胜球数排的名，彼此可能并没有在一起交过手。循环赛的缺点就是场次太多。所以我们经常看见混合使用，就像世界杯这样的，先循环再淘汰。"

妞妞和爸爸打完球，回到家里的餐桌边喝水。爸爸拿出一张纸说："如果我们有八个不同颜色的球，放在密封的坛子里。每次拿出三个，问有多少种可能？"

"这有点难，我先用 1～8 这八个数字分别代表这 8 个小球。"妞妞喝了一口水，拿起笔开始在纸上写：

123、124、125、126、127、128，总共 6 种。

134、135、136、137、138，总共 5 种。

145、146、147、148，总共 4 种。

156、157、158，总共 3 种。

167、168，总共 2 种。

178，总共 1 种。

所有包括 1 的可能有 $1 + 2 + 3 + 4 + 5 + 6 = \frac{(1+6) \times 6}{2} = 21$ 种。

爸爸安静地看着妞妞计算，不说一句话。妞妞也专心地往下写。

234、235、236、237、238，总共 5 种。

245、246、247、248，总共 4 种。

256、257、258，总共 3 种。

267、268，总共 2 种。

278，总共 1 种。

所有包括球 2，但不包括球 1 的可能有 $1+2+3+4+5＝15$ 种。

345、346、347、348，总共 4 种。

356、357、358，总共 3 种。

367、368，总共 2 种。

378，总共 1 种。

所有包括球 3，但不包括球 2 和球 1 的可能性有 $1+2+3+4＝10$ 种。

456、457、458，总共 3 种。

467、468，总共 2 种

478，总共 1 种。

所有包括球 4，但不包括球 1、2、3 的可能有 $1+2+3＝6$ 种。

567、568，总共 2 种。

578，总共 1 种。

所有包括球 5，但不包括球 1、2、3、4 的可能有 $1+2＝3$ 种。

678，总共 1 种。

所有包括球 6，但不包括球 1、2、3、4、5 的可能有 1 种。

所有的可能性就是 $1+3+6+10+15+21＝56$。

做完了，妞妞长出了一口气，脸上的汗直往下流，"还真不容易！"妞妞擦擦汗，又喝了一口水。

"妞妞做得非常正确！真的是好棒呀！爸爸觉得妞妞这一段时间的学习进步非常快。我和妈妈都很高兴。对于排列和组合，我们有两个公式。在 M 个中取出 N 个，如果 N 个的顺序不同，会有不同的情形时，就是排列，那么它有 $M×(M-1)×(M-2)×\cdots×(M-N+1)$ 种。简单的记忆就是从 M 开始，往后数 N 个数字，把他们连续相乘。"爸爸一边在纸上写，一边说了下面这个例子。

"比如，从班上 40 位小朋友中选三位，分别给语文、数学、英语老师献花，就有 $40×39×38＝59280$ 种选择。这个公式我们把它叫作排列公式。"

爸爸接着说，"在 M 个中取出 N 个，如果 N 个不讲顺序的话就是组合，组合的计算公式是：$\dfrac{M×(M-1)×(M-2)×\cdots×(M-N+1)}{N×(N-1)×(N-2)×\cdots×3×2×1}$。如果要记住

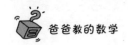

的话就是先计算 M 里面取 N 个的排列值，再除以从 1、2、3 一直乘到 N 的积。这也叫组合公式。"

爸爸在纸上写下的这两个公式字迹很大很醒目，"就拿刚才的这个问题来说，8 个里面取出 3 个，没有顺序，计算就是 $\frac{8 \times 7 \times 6}{3 \times 2 \times 1} = 56$。是不是很简单？"

"哇，确实如此耶！你是怎么得到这个公式的呢？"妞妞又瞪大了眼睛。

"其实就是根据你的计算来求和而已，不过计算和推导有点复杂，我们就不讨论了，公式记住了就行了。"

爸爸看着妞妞，笑了笑，"没记住也没关系，记得计算的思路就行。我们今天的数学话题也就到这里了，你该写家庭作业了。"

二十三、捡树叶与中大奖

秋天的气氛越来越浓了。先是小区的树叶由绿变黄或是变红，继而是满地的落叶，秋风一起，漫天飞扬。照姐姐作文里面形容的，银杏叶就像满地的薯片，踩上去咯吱咯吱响。像所有的小孩一样姐姐也非常喜欢吃薯片，不过爸爸不让吃。赶上有风的天气北京的空气还是很透亮的，赶上雾或霾的天气，空气里的味道就不好了，十分的刺眼刺鼻。

几场秋雨下过，天气越来越冷，爸爸加衣服慢了，感冒立即就上了身，流鼻涕、咳嗽，嗓子也十分难受。

这一天爸爸在家里休息，姐姐回到家里就拉着爸爸到外面捡树叶，说是

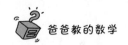

老师要大家观察树叶的颜色和形状，收集特别的树叶给同学们讲一讲，还要用醋制作树叶书签。

小区的绿化很好。树木中柳树最多，长长的枝条上叶子还没有黄，依旧是婀娜飘逸的样子，就是有点没精神。其次就是槐树和银杏树了。这两种树的落叶又多又好看。其他的树的种类就多了，梓树、椿树、枫树、栌树、塔松、马尾松、玉兰；还有好些果树，无花果树、桃树、梨树、李树、苹果树、柿子树、樱桃树、枣树、石榴树；再有就是叫不出名字的树了，种类真的不少。

有些树叶掉光了，只留下累累的果实，像柿子和石榴，看上去很是让人高兴。还有爬山虎、葡萄藤、月季、万年青、迎春等好些藤本、灌木，一些叶子的颜色尤其是爬山虎、葡萄和枫树的火红，银杏的金黄非常好看，在傍晚的冷风中色彩依旧很鲜艳。爸爸穿着厚厚的毛衣，和妞妞一起在院子里开始捡树叶。

"爸爸，我很希望找到一个别人没有的树叶。"妞妞手里已经有了一大把各种各样的树叶。"可是我不知道什么树叶是别人没有的。"

"或许这个叶子不会有人有，"爸爸指着一棵剑麻说，"不是因为没有看见，而是因为它扎人，不好摘。"一排剑麻整齐摆列在篱笆边，发白的尖叶有些森然的样子。

"我也怕扎呀！"妞妞看了一眼就笑了，"爸爸今天会给我讲什么有趣的数学呢？"

"想讲讲彩票中大奖的数学。"爸爸说："前几天有一个黑龙江人中了5 000万元的彩票，还有一个陕西人中了一亿元，你知道吗？"

"知道呀，我还告诉奶奶让她也去买彩票，要是我们家也能中大奖就好了。"妞妞的声音中透出许多的羡慕。

"你要是有了钱去干什么呀？"爸爸故意问道。

"攒起来将来用呀！"妞妞对于钱的观念总是不太强，由于家里的经济条件尚可，自己钱包里有多少钱从来没有记准确过。而且东西乱扔，乱七八糟，经常找不到。

"钱是拿来用的，不是拿来攒的。"爸爸觉得现在的环境和自己长大的时候已经有了巨大的差别。假如当年自己也攒钱不花，到今天自己肯定会非常后悔，因为失去许多快乐不说，攒到现在也不值几文。现在的孩子应该有不一样的观念才好。"如果有闲钱，我们可以拿它去投资，买股票，买房子都可以，也可以用来消费，比如，购买你喜欢的贴画。"

"我昨天晚上找我的钱包，怎么也找不到，急得我都要哭了。当时我就想，以后一定要买我自己喜欢的东西，要不然真丢了钱包，后悔都来不及。"妞妞想起找到钱包后自己快乐的歌声，自己都觉得好笑。

爸爸看到一片非常完整、颜色匀称的枫叶，捡起来交给妞妞。"好多人都会这样想的，不过花与不花的前提是我们得有钱，而且不要糊里糊涂地丢掉。我总说出错误不要紧，下次不再出同样的问题这就是件好事。"爸爸很耐心地对妞妞说，"你知道多少人中才能有一个中5 000万元大奖吗？"

"多少呀？"妞妞很好奇，用一片葡萄叶遮住自己的右眼，故意用一只左眼看爸爸。

"爸爸大致的计算了一下，他中的是36选7，也就是说在36个数字中任选7个数字出来，和最后的机器选出的数字比较。如果七个数字全部相同，那么你就可以获得最高奖500万元，如果你购买了十张，就可以获得5 000万元大奖。"爸爸慢慢地说，"36个数中间选对一个，可能性是$\frac{1}{36}$。选两个数字有多少种呢？"

"1和2，1和3，1和4，……有1的有35种。有2的时候，不算1和2，

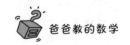

有 34 种，……，总共有 $1+2+3+4+\cdots+35$，等于 $\frac{(1+35)\times35}{2}=630$ 种。"

妞妞很快就心算出来了，心里想：不就是组合吗？有什么难的。

爸爸手里多了一根棍子，显得十分高兴。"妞妞越来越棒了！计算得非常正确，这就是说 36 个数中选 2 个正确的可能性是 $\frac{1}{630}$，因为选任何数组的可能性是一样的，而 630 个数组中只有一组是正确的，对不对？"

妞妞点点头，爸爸继续说："36 个数选 3 个，就是 $\frac{36\times35\times34}{3\times2\times1}$ 个数组，选四个就是 $\frac{36\times35\times34\times33}{4\times3\times2\times1}$，依次推广，选 7 个就是 $\frac{36\times35\times34\times33\times32\times31\times30}{7\times6\times5\times4\times3\times2\times1}$，计算得结果是 $\frac{42072307200}{5040}=8\,347\,680$，也就是说有八百三十四万七千六百八十种可能的包含 7 个不同数字的数组，而选对的可能性就大约是八百三十四万七千六百八十分之一，对不对？"爸爸用一根棍子在地上算了好久，才把这个数字算出来。爸爸写字的时候，妞妞就在一边弯腰看。

"这么难中呀！"妞妞手里挥动着许多不同大小颜色的树叶，直起身看着爸爸。"是不是说八百多万人中间才有一个人中大奖呀？"

"是呀，不过准确说是平均卖出八百多万张彩票，其中一张得大奖。如果要中十个大奖，也就是像我们前面说到的那个中 5 000 万大奖的人，就平均需要卖出八千多万张彩票才可以出一个嘞！"爸爸做了一个八的手势，神情有些夸张。"当然这里只是算的理论概率，是长时间大规模的统计规律。实际情况可能会不太一样，比如，某人一次就买十张同一号码，一下子中了十个大奖。"

妞妞好像明白了，又好像还不明白。

"其实每一张彩票卖两块钱，八千多万张就是一亿六千万元的收入，一般而言彩票把一半的收入拿来做奖金，其他的用于社会福利事业，所以福彩中心这个账是算得过来的。"

"哦，是这样啊！"妞妞随口回答道。"那彩票中心赚钱，就一定有人赔钱喽？"

"是的，买彩票没有中奖的人就是赔钱的人。彩票、赌博甚至股票买卖都是少部分人赚钱，大多数人亏钱的，因为组织者会抽取部分钱作为自己的收益。"爸爸心里想，股指期货开始，股市看上去越来越像赌场了。

"其实彩票发行的时候都需要进行仔细的计算，以决定各种级别的奖金数量，要不然就会赔钱了。这种计算就需要用到我们刚才的知识，只不过实际的计算会更加复杂一些。我们如果知道这里面的数学，实际上我们还可以比较各种彩票的中奖概率，以决定购买对自己最有利的彩票。"

"爸爸能不能告诉我哪种彩票更加容易中？"妞妞更加好奇了。

"爸爸对于彩票并不十分熟悉，因为我从来都没有买过。我只知道还有一种福利彩票叫 3D，也是两块钱一张，就是选 $000 \sim 999$ 中间的一个三位数，如果选中，就赢 $1\,000$ 元。我们可以算一算选中的可能性有多高。"说着，爸爸给了妞妞一片叶片完整、颜色鲜艳的枫树树叶。

"就像我们在'北京的汽车'中说到的办法，三位数字一共有 $10 \times 10 \times 10 = 1\,000$ 个，所以选中的可能性是千分之一。我们有一个简单的办法来比较这两种彩票的优劣，就是拿它选中的可能性乘选中后的奖金数，哪个大哪个理论上就应该更合算。

3D 相乘结果很简单，千分之一乘 $1\,000$，结果是 1。我们现在只需要估计一下 36 选 7 相应的中奖概率乘相应的大奖额的积是大于 1 还是小于 1。而八百多万分之一乘 500 万元肯定是小于 1 的，对不对？这就是说 3D 比 36 选 7 要好一些，更合算一些，赢钱的可能性更高一些。"

"可是 3D 每次才赢 $1\,000$ 块钱，而 36 选 7 可以赢 500 万，爸爸说的是不是有些不对呀？"妞妞不是太能理解。

"如果我们有足够多的钱，进行足够多的次数，这个结果是很明显的。比如，我们平均购买 $8\,347\,680$ 张彩票，如果是 36 选 7，我们会有一张中 500 万元大奖；但是如果我们购买的是 3D 彩票，那么我们会中 $8\,347$ 张，也就是说我们会有 $8\,347\,000$ 元的奖金，这可是比 500 万多出 300 多万去了。"

"哦，不过这个时候花的钱是 $1\,600$ 多万元，买彩票总是件很不合算的事情，对不对？"妞妞明白了。

"对呀，如果有人拿大笔的钱长时间来买彩票，肯定是会赔得一干二净的。买彩票的人肯定要把一大部分购买彩票的钱留给卖彩票的，要不然卖彩票的就没有意义卖了。这就像赌博，结果肯定是开赌场的人赚钱。"

爸爸看着妞妞，"买彩票的人都是希望赔的是别人的钱，而中奖的好运会

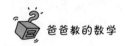

落到自己的头上。每次都有中大奖人的故事在新闻上宣传，更加刺激了这种梦想。这好像也是人的天性，总觉得自己会是最幸运的人。"

妞妞点点头，表示自己已经明白了。"我也不要奶奶买彩票了，还是让我们再找一片特别的树叶吧！"

爸爸也点点头，心里说：为什么自己就不可能成为那个幸运儿呢？天上掉馅饼的事情难道这一辈子都不会在自己的头上发生吗？真是奇怪了，爸爸在任何有机会中奖的场合，年会、宴会、研讨会抽奖没有一次抽中过，哪怕是最低等的奖品。当然妞妞生日时的抽奖除外，妞妞自己设计的抽奖，张张都有奖，所以那次每个人都有。

难道真的是有一个大奖在什么地方等自己？爸爸也忍不住这样想。

二十四、倒霉的理发师

上次的捡树叶，妞妞最后给同学们带去的还真是剑麻叶。爸爸因为摘剑麻叶子把手都弄出血了，不过妞妞的叶子确实独一无二，而且加上爸爸的鲜血，保证了妞妞的叶子故事得到了最高分。

妞妞放学回家，就把叶子遮挡在自己的眼睛前面，得意扬扬地对爸爸说："我酷不酷？"

爸爸笑着说："这让我想起来了一个故事。"

一听到故事两个字，妞妞就来了精神，书包一扔，两只手抱着爸爸的胳

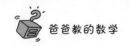

膊拼命摇，"给我讲讲，给我讲讲！"

"好，你先坐下喝口水，小女生要多喝水哟！"爸爸递过去一杯水，"很久很久以前，爸爸的老乡中有一个男人好吃懒做，成天琢磨如何发财。"

"爸爸的老乡是哪里的人呀？"妞妞喝口水，抬头就问，神情变得十分专注。

"就是楚国人，湖南原来都是楚国的地域。这个故事是春秋战国时的故事，离现在应该有两千多年了。"爸爸见自己卖的关子起作用了，嘴角不禁露出一些得意。

"这个人在一本书上看到螳螂捕蝉时藏身的树叶可以使人隐形，于是就漫山遍野去找。好不容易找到了，风一吹，又不知掉到哪里了。不得已，他把所有可能是那片螳螂藏身的树叶都带回了家，在家里一片一片地试。

"他拿起一片树叶，放在眼前，然后问他的妻子：'看得见我吗？'妻子开始的时候总回答：'看得见，看得见。'后来次数多了就有些烦，胡乱回答道：'看不见了，看不见了！'

"懒人很高兴，拿着这片树叶到集市上，把树叶放到自己的眼睛上，光天化日之下就开始偷窃。结果当然是马上就被抓住了，还被痛打一顿送了官。"

妞妞听了哈哈大笑。"这个人的老婆可真是害人！"

"你为什么不怪这个男人财迷心窍呢？"爸爸觉得好奇怪。

"这个男人是个傻瓜，一叶障目，不见泰山；两耳塞豆，不闻雷声！当然可笑，不过这个男人的妻子是害人的人。"

"难怪你要自己用树叶挡自己的脸呐！"爸爸打趣妞妞，"哦，我看不见你了！"

"我才不是呢！"妞妞跑到爸爸的身边，挥动拳头打爸爸。爸爸转过身一下把孩子背了起来，然后背着孩子朝前面蹦。一颠一颠的，妞妞高兴得咯咯大笑，手紧紧抱着爸爸的脖子，一不小心，两个人摔倒在地板上，父女俩闹成一团。

"爸爸要给我再讲好玩的故事！"妞妞又开始缠爸爸，两只手紧紧抱着一点都不放松。

"好，这次再讲一个理发师的故事。"两人站起来，重新在餐桌旁坐好，"从前有一个理发师，手艺精湛，服务热情。一次有一位郁郁寡欢的数学家来

理发。数学家说：'你只给不给自己刮胡子的人刮胡子，对不对？'

"'当然，自己刮胡子的人不需要我的服务。'理发师想都不想立即骄傲地回答，'不过我刮的胡子要比大多数人自己刮得干净、美观。'

"'那你给不给自己刮胡子呢？'数学家马上接着问。

"'当然，我自己给自己刮胡子，我的手艺在自己的脸上也不错的。'理发师还没有意识到他已经走到了悬崖的边缘了。

"数学家说：'如果你自己给自己刮胡子，那么你就属于那些自己给自己刮胡子的人，而你是只给不自己刮胡子的人刮胡子的，所以你就不能给自己刮胡子。'数学家的话里面有许多的焦虑和不安。

"'呃，'理发师有些迟疑，一下子还没转过弯来，'也好，那我就请我的伙伴给我刮胡子，这样总可以了吧？'

"'如果你不给自己刮胡子，那么你就属于不自己刮胡子的人这一类，所以你作为理发师就应该给自己刮胡子。'数学家的脸色十分难看，声音也变得很低沉和沮丧。

"理发师不知道该说点什么才好。我给不给自己刮胡子？如果给自己刮胡子，那么自己就是自己刮胡子的人。按照自己的原则，就不能给自己刮胡子；可是如果不给自己刮胡子，自己就是不自己刮胡子的人，按照原则，就应该给自己刮胡子。

"刮还是不刮？

"理发师手足无措，结结巴巴地说：'这还真奇怪了，先生，那我该如何办呢？'

"数学家长叹一口气说：'我也不知道，不过你自己刮还是不刮自己的胡子没什么重要，我的数学可是要出大问题了！'说完胡子也不刮了，垂头丧气地离开了理发馆。

"理发师不但这次理发的钱没收到，还留下了一个毛病，动不动就会长时间发呆，不断地自言自语说话'给自己刮脸？还是不给自己刮脸？刮？不刮？刮！不刮！刮？不刮？刮！不刮！刮？不刮？……'"

妞妞听完安静了一会儿，先是微笑，继而哈哈大笑。"这是怎么回事呢？"

"这就是悖论，所谓悖论就是一种论断看起来好像肯定错了，但实际上却是对的；或者一种论断看起来好像肯定是对的，但实际上却错了；还有一系

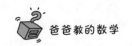

列推理看起来好像无懈可击，可是却导致逻辑上自相矛盾。

"悖论有很多，而且它的发现和研究触发了数学史上的一次巨大危机，因为人们原先认为最严格的数学逻辑都出现了严重的漏洞，当然这最终也让数学家们找到了完善数学大厦的办法。"

妞妞眨了眨眼睛，问道："还有什么悖论故事呀？"

"好，爸爸再讲一个好玩的故事。你还记得唐·吉诃德的故事吗？"

"记得，我还读过小说呐！"

"一个遥远的国度，有一条奇怪的法律：每一个外来者都要回答一个问题——'你来这里做什么？'

"如果外来者回答对了，一切都好办，可以自由地来往。如果回答错了，就要被士兵绞死。你说这是不是很野蛮？"

"野蛮，更奇怪，不过这只是小说故事，对吧？"妞妞轻声回答道。

"有一天，有个外来陌生人的回答让这个国度上至国王、下到百姓所有的人都不知所措。这个回答是：'我来这里是要被绞死的。'

"你看，如果他们不把陌生人绞死，那么陌生人的话就说错了，对不对？回答错误就得受绞刑。

"可是，如果他们绞死陌生人，那么陌生人就回答正确了，对不对？回答正确陌生人就不应该被绞死。

"那么不管对这个陌生人如何做都不对。士兵最后也只好把陌生人放走了。"

"我记得这个故事。这个人好聪明呢！真不知道他是怎么想到这样奇妙的回答的。"妞妞的语气里透出许多羡慕。

"你了解了悖论的原理后，自己也能编出这样的回答。"爸爸喝了一口水，接着说："你说世界上有没有无所不能的人？"

"没有，"妞妞的回答很快，"只有神话故事里面才有。"

"我也这样认为，我们自己的事情只能靠自己来解决。问题出现了，自己不去解决，反而指望无所不能的老天爷来帮忙，恐怕是只会失望，"爸爸希望妞妞在行动上能够更加果断迅速一些，"数学家能够证明不存在。证明是这样的。

"假如有一个人是无所不能的，那么他一定可以制造出一个自己都搬不动的石头，对不对？"妞妞点点头。

爸爸接着说："如果一个人无所不能，那么他一定搬得动所有的石头，对不对？可是他自己制造的石头却自己搬不动，这就矛盾了。所以不存在无所不能的人。"爸爸嘴角露出微笑。

"这有点像'自相矛盾'的故事耶！"妞妞的联想总是很快。

"对呀！自相矛盾只需要用矛和盾比一下就可以知道结果，悖论不一样，是怎么都不对。"

爸爸喝口水，"这种悖论在逻辑学里面也称为两难，也就是说怎么都不对，左也不是，右也不是，前进不是，倒退也不是。不过悖论并不都是两难。爸爸再给你讲一个好玩的悖论。"

爸爸又喝了一口水，"显然，1粒谷子不是一堆谷子，对不对？如果1粒谷子不是堆，那么2粒谷子也不是堆；如果2粒谷子不是堆，那么3粒谷子也不是堆……如此下去，如果99 999粒谷子不是堆，那么100 000粒谷子也不是堆……多少粒谷子都不是一堆谷，那么一堆谷又是多少粒谷子呢？"

"这个悖论不如前面的好玩，一堆谷子就是一堆谷子呗！"妞妞不太欣赏这个悖论。

"嘿嘿，那好吧。你注意听爸爸下面的问题，这可是今天的思考题哟！"爸爸等了一小会儿，接着说，"我预言你下面要回答我的话是'不对'，对不对？"

"要用'对'或'不对'来回答。"

妞妞抱着头想了一会儿，突然蹦起来，一边往门外跑一边喊："我受不了啦！我受不了啦！"

如果有人不和你好，你下次就不和她好；如果别人对你好，你下次也要对别人好。这种做事的原则最有效！

二十五、人若犯我

今天爸爸和妞妞吵了一小架，因为爸爸要求妞妞好好复习一下语文字词和英语词汇，前些天的小测试中妞妞表现不太好。而妞妞认为自己需要玩一玩《开心宝贝》电脑游戏，她已经很久很久没有玩这个电脑游戏了，同学们说起里面的事，自己都不知道，而且自己在游戏赚的金币实在是太少了，非常非常想玩。

爸爸很担心孩子玩电脑游戏上瘾，网上不太干净，新闻报纸上有那么多可怕的报道，所以爸爸觉得就算是休息玩耍，也应该到外面打羽毛球，因为在家里的时间太多了，到户外运动运动、透透气是必需的。可这次妞妞非常执拗，还是坚持要玩电脑游戏。这样爸爸不情愿地让步了，不过爸爸很不高兴，妞妞也是流着眼泪去玩电脑游戏的，两个人好久不说话。

晚上爸爸做好饭，吃饭的时候两个人才开始说话。爸爸说："我觉得学习应该先做好，再去玩游戏，而且室外运动应该优先于室内活动。妞妞以后是不是可以做到这一点？"

"可是玩电子游戏是妈妈同意过的呀！"妞妞很不服气，"妈妈说作业写完后，可以玩半小时电脑游戏的。"

"这次我也觉得爸爸的安排更合理，再说我讲的话你也不是都听呀！为什么这件事你就不能改一下呢？主要还是妞妞喜欢玩电脑游戏，想玩电脑游戏。"妈妈也加入了爸爸的那一边。

爸爸让大家都不要说这件事了，吃饭的时候责备孩子很不好，长期这样会影响食欲，严重影响孩子生长。"吃的不少，打的不饶！"爸爸想起自己小的时候，自己妈妈对自己的教育，在那个贫穷的年代，虽然没有什么好吃的东西，自己却从来没有挨过饿。

姐姐不再说话，低头吃饭。爸爸做的排骨藕汤味道好极了。过了一会儿，姐姐居然觉得很高兴。食物真的是件美好的东西，美好的东西总是会带来美好的东西，就像丑总是和恶结伴一样。

爸爸说："我们来说点趣味数学吧！相信姐姐今后会注意自己的时间安排的，对不对？"

姐姐点点头，还是不说话，不过看上去心情和脸色都已经明显好多了。

"你一定还记得田忌赛马的故事。这个故事说的是我国古代著名的军事家孙膑的智慧。他是战国时代的齐国（今山东一带）人，是春秋末期杰出的军事家孙武将军的后代。孙武也就是写天下闻名的《孙子兵法》的那位。今天的山东还被称为齐鲁大地就是因为战国时这块土地上有齐国和鲁国两个主要的国家。早年孙膑曾在齐国将领田忌手下当门客。所谓门客就是在主人家吃住，替主人出主意、办事情的人。

"田姓在齐国是贵族，田忌常和齐威王一起赛马赌博。齐威王财大气粗，每一等的马都比田忌同等的马要好，于是田忌屡赛屡败，却又想不出什么妙招制胜。

孙膑

"这次他们两个又下了1000两黄金的赌注。明明还要输，田忌心有不甘，

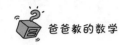

却还是一筹莫展。就在这时，孙膑对田忌说：'您只管下注，大胆同他赛马，我有办法保您赢。'

"比赛规则要求每人出三匹马，每匹马跑一局，三局两胜。齐威王先拿出了自己跑得最快的骏马，孙膑却让田忌先拿出自己三匹马中跑得最慢的马，结果当然是齐威王轻而易举地赢了第一场；接下来孙膑的计策开始发力。齐威王拿出自己跑第二快的骏马时，孙膑让田忌派出自己最快的马。结果经过激烈比赛，田忌的马赢了；最后齐威王只剩下自己三匹马中最差的马，孙膑让田忌派出中等马，田忌的马又赢了。3 场比赛，田忌以 2∶1 取胜，'卒得王千金'。田忌反败为胜，齐威王大为惊讶，询问田忌获胜的原因。于是田忌在叙说自己英明的赛马策略的同时，不失时机地向齐王推荐了孙膑。此后孙膑被齐国拜为大将，屡次为齐国建功。"

妞妞听得入神，尽管自己早就知道这个故事，但再次听爸爸讲，依旧是那么有趣。妞妞吃饭的速度不知不觉中也放慢了。"齐王为什么不要求用上等马对上等马，下等马对下等马呢？"

"其实比赛规则都是人们自己确定的。古文这么记载，我猜测可能是每个人选最好的三匹马来比赛。由于他们两个经常在一起比赛，所以知己知彼，齐王最好的马比田忌最好的马要好，但是齐王排第二的马却比不上田忌最好的马。在这个赛马游戏里，先出马的人不能要求对方出指定的那匹马，所以会处于一个很不利的地位，因为后出马的可以使用田忌的策略，避敌锋芒，以弱胜强。这里面看似简单，却有许多辩证的军事思想，并且这还是一门非常有用的数学知识——对策论，要知道数学可绝不单单是计算、几何和方程哦！"

"这应该是智慧故事，怎么还是数学呀？"妞妞不太理解，挪动了一下身体问道。

"有一部很好看的电影叫《美丽的心灵》，讲的是一位著名的诺贝尔经济学奖获得者约翰·纳什的故事。他神经有些不太正常，常常产生幻觉，但他善良的妻子给了他非常多的支持。纳什研究的就是对策论，而且研究的结果对我们这个世界产生了巨大的影响。"爸爸真的希望能够有一张纸，给妞妞画出一个对策矩阵。

"所谓对策简单说就是指两个人，一方的行动另一方如何应对。对策论最经常研究的是如何才能获得最佳的对策，或是推测对方对某项措施的反应，所以在军事对抗上有很广泛的使用。"爸爸的指头在餐桌上乱画。聪明的妈妈拿来了一张纸和一支笔,微笑着交给爸爸。

爸爸画了一个 3×3 的格子,并写下一些文字。"我们站在田忌的角度上来看。齐王出上马,田忌不管出什么都会输。如果齐王出中马,田忌出上马可以赢,但是出中、下马都会输。齐王出下马,田忌出上、中马可以赢,出下马输。

	上	中	下	齐王
上	输	赢	赢	
中	输	输	赢	
下	输	输	输	
田忌				

"在这个格子里,田忌能够赢得最后胜利的选择只有一个,就是齐王出上马时,田忌出下马。这样田忌的上马和中马就能分别赢齐王的中马和下马,最后以 2 比 1 赢得比赛。"

姐姐和爸爸的头凑到一起,看了一会这个格子图。爸爸对姐姐说:"像这种你输我赢的游戏,我们称之为零和游戏,因为一方胜利就意味着另一方的失败,争胜负是这种游戏的特点。一般而言这是比较激烈和残酷的,隐含有破坏性。你一定见到过有些孩子输了游戏之后,气急败坏、胡搅蛮缠的样子。"

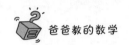
"那是他们输不起呀！"妞妞不太看得起的样子。

"对，游戏赢得起也要输得起，大不了再来就是。技不如人，回家努力练习好了。妞妞这个态度很值得表扬。我们生活中大部分都属于零和游戏，也有部分是双赢游戏，或者通过我们的智慧可以变成双赢的游戏。"

"那什么是双赢呀？"妞妞好奇地问。

"双赢就是通过两个人的合作，使得对立的双方都获得自己满意的结果。"爸爸看着妞妞，"我举今天的例子吧。比如，妞妞回到家里的时间是有限的，妞妞要玩电脑游戏，爸爸说需要先写作业。如果两个人就这样互相都不让步，坚持自己的立场，就会产生没有解决办法的冲突，而且问题最后也不可能有双方都满意的结果。但是如果我们两个都愿意理解对方立场背后的理由的话，问题往往能有一个双赢的结果。"

爸爸觉得这是解决今天冲突的最好时机，如果孩子能站在对方的角度看问题，对她未来可能遇到的困难会有很大的帮助。"爸爸觉得作业要先完成，这是因为作业必须要完成，而且学生以学习为最重要的任务，学习有最高优先级。妞妞想玩电脑游戏是因为妈妈同意过了，而且小孩子玩游戏是天经地义的要求。双方的要求都是有道理的，但我们需要协商好，把时间先后安排好。比如，先趁太阳还没落山，还可以看清羽毛球，我们先打半小时的羽毛球，然后把家庭作业写完，睡觉前再玩一会儿电脑游戏，这样任务都完成了，我们两个人就都满意了，对不对？"

"哦，这就是双赢呀！我还真的很喜欢双赢耶！"想到刚才还哭鼻子，妞妞放下筷子，觉得很不好意思，一只手不由自主地捏着另外一只手。爸爸注意到了这些，"要得到双赢需要我们开动脑筋，站在对方的立场想办法。我们再看一个复杂一点的例子，它的道理非常值得我们牢记。"爸爸在纸上画了一个2×2的格子，写下了一些文字。

"孩子们在一起的时候经常有人会不和别的孩子玩，对吧？"爸爸知道妞妞心里的烦恼，就是班上有些女孩子会故意不和某人玩，给人难堪。

爸爸看见妞妞点点头，就往下讲："我们这样规定，如果两个孩子都对对方好，一起玩，每个人都得3分。括号里面有两个数，前面是小孩A的得分，后面是小孩B的得分。如果一方愿意跟对方好，另一方不和对方好，则选不和对方好的孩子得5分，选和对方好的孩子得0分。如果两个孩子都选不和对方好，那么两个人都不得分。"

	跟你好	不和你好	小孩 A
跟你好	（3，3）	（5，0）	
不和你好	（0，5）	（0，0）	

小孩 B

听爸爸说完，妞妞觉得这个得分还是有道理的，因为不友好的孩子往往因为对别人的友好的漠视而趾高气扬，认为自己赢了，于是说："好吧，然后呢？"

爸爸满意地笑了笑，"有一位数学家做了个试验。他邀请了另外 14 位数学家来做游戏。

"游戏是这样的：两个人先把自己对对方的态度写在纸上，同时亮出，根据我们表格描述的规则，每个人就有一个得分，这一轮算结束。

"下一轮开始，双方再把自己的态度写在纸上，再根据表格给出分数。如此下去，进行多少轮由事先给出的一个随意数字决定。数学家们两两任意组合，循环比赛，看谁最后的分数最高。

"数学家们必须首先想好决定自己态度的原则，整个游戏的过程中都不改变这个行为原则，但是也不许告诉别人。比如，有的数学家选择就是'永远不和别人好'，有的选择的是'如果我喜欢对方，就和对方好，否则就不和对方好'，还有选择'我的心情好就对别人好'，等等。"

妞妞听得津津有味，不知道最后爸爸会告诉自己什么结果。饭也不吃了，鼓起眼睛盯着爸爸的嘴。

"结果得分最高的是一位加拿大数学家，他的原则是'一报还一报（tit for tat）'，就是说第一次和某人对局都采用友好的策略，以后每一步都跟随对方上一步的策略。对方上一次表示友好，我这一次就对对方友好；对方上一次不和我好，我这一次也不和对方好。"

爸爸故意不说话了，让妞妞有时间想一想。过了好一会儿，看到妞妞在微微摇头，爸爸才揭开了谜底。"这说明如果有人这次不和你好，你下次就不和她好；如果别人这次对你好，你下次也要对别人好。这种做事的原则最有效！"

"数学还能告诉我们什么是最好的交朋友的办法，太有趣了！"妞妞很兴奋，"人不犯我，我不犯人；人若犯我，我必犯人！"说完才开始埋头吃饭。

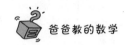
爸爸说:"自然界生物的演化也是充分使用对策论的结果。你看鸟类的羽毛翅膀适合于飞翔,猎豹适合于奔跑,鱼儿擅长游泳。骆驼的驼峰里能储存水和脂肪,这样它就可以一个月不吃不喝在沙漠里行走;蚂蚁太小了,但是它们团结一致,互相协作,据说厉害的蚂蚁群能够吃掉一头野牛,也可以抱成团跨过烈火或是河流。这些本领也是经过很长的时间才一步步完善起来的,而一旦完善,那些还没有达到这种水平的物种就会遭受淘汰。"

这时候妈妈端来了一大碗海鲜蔬菜汤,热气腾腾、香气扑鼻。她插话道:"你们俩别再说了,饭菜都凉了。"

爸爸说:"好吧,不过最后还有最重要的总结,得分最高的加拿大数学家的行为准则有三个特点。

"第一,从不首先对对方采取恶意的行为,比如,进攻、背叛、羞辱等,也就是'善良'。

"第二,对于对方的恶意行为一定要报复,不能总是合作、接受和沉默,即'可激怒'。

"第三,不能人家一次恶意的行为,你就没完没了地报复,以后对方对你的态度变为友善和合作时,你也要有相应的友善和合作,即'宽容'。

"善良、可激怒和宽容这三点姐姐可要记住,这是我们对待他人的基本原则,这个原则很有效,可以保证你拥有最多、最好的朋友!"

你知道还有同样的商品因为不同的地点、不同的人购买而价格不同吗？

二十六、施了魔法的数字

姐姐最喜欢数学课，数学老师也特别喜欢姐姐，因为她敢于提问，也善于解决问题。

生物课是姐姐第二喜欢的。这几天姐姐按照老师的指点，用家里的几斤巨峰葡萄，洗净、连皮带籽挤捏、密封发酵，酿好了一瓶葡萄酒。心里高兴得不行。一定要请爷爷、爸爸还有大姨喝。

爷爷喜欢喝点小酒，不过对姐姐生产的葡萄酒怎么都不敢张嘴喝。姐姐自己喝了一口，表情有些古怪。爸爸也壮起胆子，喝了一小口。确实有葡萄酒的清香，液体也清亮，就是味道怪怪的，有些酸涩，不过爸爸嘴上还得说好喝，却再也不敢倒一滴入口中。这是生物课的家庭试验，姐姐得了满分。

其实一家人最喜欢喝的还是茶，不过是不一样的茶。爷爷奶奶喜欢喝花茶，爸爸喜欢普洱，妈妈喜欢猴魁、白茶，姐姐来者不拒，不过心里最喜欢的还是各种稀奇古怪的饮料。今天又是周末，眼看到春节了，该采办些过年的东西了，家里的茶和酒也该增添些。下午爸爸决定带姐姐去购物，同时也讲讲价格数字上的把戏。

家附近的购物中心规模巨大，号称"亚洲第一"。不知道是真还是假，反正爸爸走南闯北到过许多地方，还真没见过这么大的Shoppingmall(购物中心)。

超市里大红招贴到处都是，过年的气氛浓浓的。人来人往，个个都显得非常忙碌。人们大包小包采买年货，就像是不要钱似的。爸爸告诉姐姐今天要讲的趣味数学是骗人的数字，还叮嘱姐姐注意价格标签，看看能不能发现点规律。

"怎么这些价格签上尾数大多是9和8呀?"姐姐拿着一包五号电池说。可

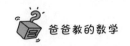

不是嘛！爸爸过去看了看，五号电池打包 13.9 元，大号电池每个 9.9 元。

再往下依旧看到许多类似这样的标价。比如，酸奶每桶 1.99 元、矿泉水 0.99 元、法式面包 6.9 元、蛋糕 6.9 元、苏打饼干 6.9 元，硬皮本 15.9 元，畅销书一本 39.8 元，等等。

"你觉得这是为什么呢？"爸爸推着购物车，妞妞紧紧跟在后面。

"是不是为了显得少？这样买的人就会觉得便宜？"妞妞想了一会儿。

"对！妞妞回答非常好。这就是解开骗人的数字把戏课的第一节。"看到孩子思考问题能力的成长爸爸真的很高兴。

"10 块钱和 9 块 9 毛 9 只差一分，可是给人的感觉却差很多。在元这个阶级上，一个是两位数，一个还是一位数。"

爸爸又指了指一些价签，"你看凡是价格相近、竞争特别激烈的商品，采用这种价格形式的就多，反之就少。超市这样定价的多，百货商场里这样定价的少。小商品这样的多，大件商品少。这是因为并不是所有场合这个定价规律都管用。比如，购买大件商品时人们会仔细的长时间地比较和考虑，这点把戏就不太管用了。"

爸爸又指了指超市里面的"特别推荐"和"我们的广告商品"的巨大宣传吊幅。"一般而言，这样的商品价格都比其他超市来的便宜。人们在购物时经常会认为一件或几件商品价格便宜，那么这家商店的价格就便宜，不管买什么都要到这家店。其实其中经常有骗人的把戏，只是人就是这样的一种偷懒的动物，也会常常上当。"

"是这样吗？我就一直认为我们这个超市的价格就是比莲花和家乐福便宜。"妞妞不太相信爸爸的话。

爸爸不再说话，带着妞妞往前走到手机区。手机区也有很多的购买者。爸爸指着一款手机对妞妞说："上周我们看到了家乐福里这款手机的价格是 1 788 元，还送礼品。你看看这里。"

货架上款式完全一样的手机标价是 2 488 元，妞妞拿住手机模型问售货员价格。

"1 988 元！这是最优惠的价格了。"不管如何谈，售货员是无论如何都不愿意再降价了。

两人交了钱，走出了熙熙攘攘的超市。

　　超市旁边的百货商店外"满二百送五十"的巨大宣传幕在灯光的照耀下格外醒目。

　　"这也是一个把戏。"爸爸指着宣传画说，"你觉得这样的购物享受的折扣大吗？"

　　"当然大啰。"妞妞记得妈妈每次看到这样的打折信息，都会去买很多的东西，不过好像买回家的东西大多用处不大。

　　"你算算折扣率是多少吧！"爸爸问。

　　妞妞想了一会儿，说："八折吧！相当于花两百元钱，拿走两百五十元的商品。"

　　"对！妞妞动了脑筋了。很多人会不动脑筋的认为是七五折，出 150，买了 200 元的商品；其实是八折，这就是把戏之一——把折扣误导夸大。"

　　妞妞点点头。爸爸接着说："不过商店并不会完全失去这二成的利益。你想想，如果你的购物量不是恰好 200 元，如果你只买了 120 元，或是 320 元，那么其中的 120 元就没有得到任何折扣。"

　　"哦！"妞妞轻轻地叫了一声，恍然大悟的样子。"我们平时很少有刚好 200 元的时候。"

　　"再有，你拿到的打折礼券当天是不能用的，这样你就肯定得再来一次。你来得多，买的东西自然就多，而且常常还会添钱来把礼品券用了。扩大了销售量，商家肯定很合算，对不对？"

　　妞妞点点头。

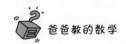

"加上百货店里还有很多种类的商品不接受礼品券，畅销货一般也不提供任何优惠，也就像服装、鞋帽、皮制品等利润比较高的东西，加上一些滞销商品接受礼券。人来商店一逛，自然会带动其他商品的销售。礼品券只是在打折期有效，有许多人因为种种原因永远都不会使用它。我听做百货的朋友说，实际的利润影响不超过一成，也就是 10%，相当于相关商品的九折，并不高。而要说到商店总的利润，不但不降，反而会大大增加呐！"

"是吗？"妞妞很惊讶，"那商店为什么不天天这样呢？"

"天天这样就不灵了。天天打折，就相当于不打折。你说对不对？"

两人上了汽车，爸爸继续今天的趣味数学课。

"你知道还有同样的商品因为不同的地点、不同的人购买而价格不同吗？"

"知道哇。同样是一罐可乐，在超市和餐厅的价签就很不一样。"妞妞想起了去年在湖南老家放鞭炮的快乐。"鞭炮在湖南和在北京也完全不一样啊！呲花湖南一块钱十根，这里五毛一根。二踢脚湖南一块，这里三块。差远了！"

妞妞迟疑了一下，"不过同样的东西、同一个地点，就因为人不同，价格就不同，好像没有吧？"

爸爸把钱包里自己的餐厅打折卡拿出来给妞妞看了看，"这就是一个例子。因为我是这家餐厅的常客，所以我就可以用便宜一些的价格享受同样的服务。这算不算？"

"当然，当然算！我们到 KFC 的网站上打印一张打折券，打电话到饭统网订餐，也是这样的例子啊。"妞妞一下子明白了，原来这样的事情还很多。

"对，这就是一种价格歧视，是为了卖出更多的商品或服务，赚取最大的利润。有钱的人是不愿意花时间做这些省小钱的事的，或许都不愿意到这样的餐厅来。不过很多年轻人有时间、有精力，就是没有足够的钱。所以商家为了吸引这一批顾客，就会采用这种变相降价的策略，吸引他们来消费。这样一来不就是同样的商品和服务，因为不一样的人就有不一样的价格了吗？"

"我们上次去的茶餐厅在不忙的时段，他们还推出许多的半价菜呐！这也可以算是一个例子。"妞妞补充爸爸的例子。

"是啊，一般而言，成本越高，销售价格应该越高，以保证一定的利润率，但也有例外。我就知道一种商品卖得贵的实际上成本低。"

"有这样的事吗？"妞妞很好奇。

"这也是价格把戏中的一个。比如，我们电脑用的 Windows 操作系统，我们家里电脑用的是所谓'家庭版'，也就是简化掉一些功能后的版本。它的成本就比完整版要高，但是价格要便宜。"

"这是为什么呢?"妞妞更加好奇了。

"这是因为家庭版 Windows 是在完整版完成开发之后，再进一步加工，去掉一些功能而形成的，所以它投入的总成本肯定要高出完整版。不过这也是价格歧视中比较典型、比较特别的例子。进一步开发增加成本，但是还要降低价格满足那些不愿意多付钱的客户要求。"

妞妞想想觉得这样的情形很好笑，可是细细琢磨又觉得很合理，自己怎么从来没有想到过呢?

两人回到了家。妈妈还没有把饭菜准备好。

两人在餐桌旁坐下，爸爸开始讲今天最重要的数字骗术。

"最难看穿的骗术是统计数据。"妞妞的数学课上已经学过一些基本的统计方法，均值、中值之类概念都学过的，所以爸爸估计她能听懂。

"还记得我们讨论过的汽车限行的事吗?"爸爸问。

"记得呀，上次我还做过思考题呐! 从 2008 年 10 月 11 日开始，北京市机动车按车牌尾号每周停驶一天，停驶车辆车牌尾号分为五组，定期轮换停驶日。平均计算减少了五分之一的车辆上路。"

"对的。对于这样的一件事，社会公众的反应非常强烈。由北京交通发展研究中心牵头研究的《实施〈北京市政府关于实施交通管理措施的通告〉监测评估报告》中所做的民意调查显示，约 85％ 的市民支持'每周少开一天车'的措施，其中有约 80％ 以上的有车人士和约 93％ 以上的无车人士支持该措施长期实施。"

"限行后汽车确实是少了，走的快了呀!"

"可是同时还有另外一个结论完全相反的大规模调查。到 2009 年 4 月 2 日，超过 20 万人参加了人民网网上投票。调查结果是赞成汽车限行的人有 24.4％，反对的人有 75.3％，无所谓的人有 0.3％。"

"这是为什么呢?"妞妞显然迷惑了。

"北京交通发展研究中心是委托社情民意调查中心做的调查。他们是这样解释调查方法的——总样本数 3 641 份，其中有车人士 1 512 份，无车人士

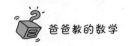

2 129份。调查主要采取了随机访问的方式，主要是针对市民的电话访问，受调查人群年龄段为18~70岁，为北京市一年以上常住人口。调查方还在本市主要街道、停车场等地点对上千位驾驶司机进行了面对面的调查。"

"到底哪一个才是真实正确的呢？"妞妞越发糊涂了。

"这里面肯定有把戏，对吧？其实两个都有问题，不过后者的问题可能更大。"爸爸慢慢说。"从交通委的解释来看他们的调查方法，上千名司机肯定都归入到有车族里面了，可是这些有车族到底会是谁呢？"爸爸故意慢下来，让妞妞有时间思考一下。

"我估计占极大比例的是出租车司机。为什么呢？因为一般的私家车司机比较忙，比较有戒心，不愿意接受不知底细的访问。而出租车数量多，分布广，司机又愿意和人聊天。这样一分析问题就简单了，因为出租车司机是不受规定限制的，反而别的车少了，他们会有更多的客人，会行驶得更通畅。他们是直接从限行中获益的人！难道会有哪个出租车反对？"

"噢，难怪会有这么高的赞成率了！"

"调查结论的赞成比例和我们每一个人直接了解的情况差距太大，甚至看上去有些荒唐可笑，所以我怀疑所谓的随机访问并不真随机。再说电话访问的问题。从交通委的方法看电话访问可能超过2 000个。那么一般接电话又回答问题的人又会是谁呢？"

"是不是爷爷和奶奶们呀？"妞妞想了一会说。

"对呀！一般公司和机构的电话都不会回答这样的抽样调查，电话打到家里，家里多的就是老人。老人又多是退休人员，不太出门，也一般没有车（这一点可以从对上千名司机的调查中得到肯定）。这样的人群不用问，肯定支持。没有车的人支持限行是很好理解的，对吧？因为他们同样不受损，反得益。"

"那网络上的调查是不是就是准确真实的呢？"

"也不是。上网的人不一定在北京，一般都是比较年轻的人，受过良好教育的人。其中有车的人的比例会明显高于社会平均值，而且他们对于自己拥有的自由和权力很在乎，加上网上说反正你又不知道是谁，网上的表态一般会夸张激进一些，所以这个数据可能也会片面一些。"爸爸尽量客观地分析。

"那怎样才能获得真实正确的数据呢？"

"其实也简单，根据实际的北京市人口构成设计出抽样样本就可以了。这里我想告诉妞妞的是：统计里面要做把戏骗人实在是太容易了！"

妞妞点点头。爸爸说："今天最后一个趣味数学故事是投资家骗局。"

"好耶！"妞妞兴奋得鼓起了掌，"我也希望成为有钱的投资家！"

"有一个投资顾问，希望别人把钱交给他，委托他来做股票投资，但是获得别人的信任是很困难的一件事，除非你能表明你对股市有超乎寻常的判断。对不对？"

妞妞的压岁钱妈妈说都帮她买股票了，所以妞妞一直对股票的买卖有兴趣，也有些知识。"他的骗术是这样的：先找 1 000 个潜在的客户，找到一只热门的股票，对前 500 人说股票明天会涨，对后 500 人说股票会跌。"

"这有什么用啊？"妞妞很失望的样子。

"别急呀！到第二天，肯定有 500 人得到的预言是正确的，对吧？那好，骗子对这 500 人中的前 250 人说另外一只股票会涨，对后 250 人说这只股票会跌。至于他预言错误的那 500 人就不管了。"

"好奇怪的办法。"妞妞似乎有些明白了。

"这样再来一次，就会有 125 个人获得了连续三次的正确预测。如果是你，你觉得一个连续三次都预测准确的投资顾问如何？"

"应该是非常出色了！"妞妞点点头。

"那 125 人也这么想！这个骗术被许多骗子实施过，多次成功。这说明人们是多么懒于思考，也说明只有多动脑筋才能面对我们这个复杂的世界。"

这时候妈妈把准备好的饭菜端上桌子，一家人开始吃晚饭。妞妞还沉浸在这个看上去简单却又如此精巧的骗术中，吃起饭来也心不在焉。

"我再给你说一个猜年龄的小游戏来玩。我们一边吃饭一边做。好不好？"爸爸说，"你和妈妈一起来做。"

"好吧。"妈妈和妞妞一起说，说完相视一笑。

"假定今年是 2016 年。首先，在 0~7 中挑一个数字，表示你每个礼拜想去打羽毛球的次数。再把这个数字乘 2，然后加 5，得数再乘 50。得多少？"爸爸说得很慢，好让娘俩有时间在心里做计算。

妞妞的数字是 450，妈妈得 550，不过他们都没有说出来。

"如果你今年的生日已经过了，把得到的数目加上 1 767，如果还没过，

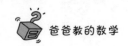

加 1 766。最后用这个数目减去你出生的那一年（公元）。现在你会有一个三位数的数字，对不对？"

姐姐和妈妈都说很对。爸爸接着说："第一位数是你一开始选择的数目，也就是每个星期你希望打羽毛球的次数，接下来的二位数就是你的年龄。"

姐姐的得数是 219，妈妈的得数是 348。"真的真的好准哦！"姐姐和妈妈惊奇不已。"这是为什么呢？"

"其实非常简单，假设姐姐最先想的一个 0～7 中的个位数是 x，整个计算就是 $(2 \times x + 5) \times 50 + 1\,766 -$ 出生年，化简一下就是 $100 \times x + 2\,016 -$ 出生年。一下子就明白了吧？"

看到爸爸拿着筷子在空中乱比画，妈妈和姐姐都笑了。

"我给你留一个思考题吧！"爸爸看着姐姐，"你说我们今天看到的一个牛奶宣传单上面的'百分百纯牛奶'是不是在骗人？世界上有百分百的纯牛奶吗？"

他用点表示岛和陆地，两座小岛和河的两岸分别看作四个点。两点之间的连线表示连接它们的桥，七座桥看作这四个点之间的连线。这样河流、小岛和桥简化为一个网络图，七桥问题就变成网络图能否不提笔一笔画成的问题！

二十七、一笔画

　　今天又是周六，妞妞和爸爸、妈妈都在家里。爸爸给妞妞写书，妈妈做晚饭，妞妞则早早就完成了作业，在看数学兴趣小组的资料。数学老师最近表扬妞妞的次数很多，因为妞妞自从开始看爸爸写的书之后，变化很大。作业板书工整，计算仔细，上课注意力集中。有时写作业、温功课到很晚。遇到难题之后，妞妞再也不是胡乱猜测，而是静下心来思考。"安静会产生智慧。"妞妞现在也常常说这句话。

　　最让爸爸感动的是有一次爸爸讲的题妞妞怎么都不明白，又说不清自己的问题，着急委屈得直哭，但是妞妞还是坚持要爸爸再讲，擦干眼泪继续思考，直到完全搞明白。和上个学期初相比，很难相信是同一个孩子。爸爸、妈妈、爷爷、奶奶都很高兴，觉得妞妞变得懂事多了。

　　数学资料上面有一道思考题是这样的：一个 8×8 的方格，一只蚂蚁从左下 $(0，0)$ 点爬到右上 $(8，8)$ 点，只能沿着格子线走，最短路径有多长？有多少条？

　　妞妞想不清，就拿来问爸爸。"爸爸，最短路径长度我知道，是 16，可是有多少条我不太明白如何做。"

　　"妞妞能不能猜一猜有多少条路径呢？"爸爸看完题，想了一会儿，有意识地逗妞妞。"应该有几十条，比如，这样，这样，都是不一样的路径。"妞妞小手在图上比画。

　　爸爸拿出一张纸，画了一个 8×8 格子图，然后开始在图上边讲边写。

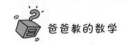

"从(0，0)到(1，1)有几条最短路径？"

"两条，这是最简单的了。"妞妞回答。

"对！问题就是从最简单的情形开始分析，得出规律后再在复杂的情形下使用。如果把到每个点的最短路径数写下，我们能够看到十分有趣的规律。"说着爸爸在最下一行和最左一列写下了许多的1，在(1，1)点边上写下了2。

1	9	45	165	495	1 287	3 003	6 435	12 870
1	8	36	120	330	792	1 716	3 432	6 435
1	7	28	84	210	462	924	1 716	3 003
1	6	21	56	126	252	462	792	1 287
1	5	15	35	70	126	210	330	495
1	4	10	20	35	56	84	120	165
1	3	6	10	15	21	28	36	45
1	2	3	4	5	6	7	8	9
	1	1	1	1	1	1	1	1

"从(0，0)到最下边一行和最左边一列中的所有点的最短路径都只有一条，对不对？"爸爸用铅笔指着图问。

"对，只能是沿直线走，否则就不是最短的路径。"妞妞点点头。

"到(1，1)这一点的最佳路径是2条，分别从(0，0)经过(0，1)或(1，0)到(1，1)。路径和也应该是从(0，0)到(0，1)或(1，0)的最佳路径之和，对不对？简单理解就是如果到(1，1)，必须先到(0，1)或(1，0)，否则就不可能是最佳路径。"妞妞点点头。

爸爸接着说："所以从(0，0)到(1，2)的最佳路径数是到(1，1)和(1，0)的最佳路径数之和，也就是2＋1＝3，对不对？"

"噢，原来是这样呀！这样我就能把所有的点上的数字都写下来！"妞妞十分兴奋，拉过爸爸的纸，一边嘴里喃喃地计算，一边开始在上面写数字。

爸爸微笑地看着妞妞，过了好半天，妞妞算完了，长长出了一口气，"12 870条路径！这么多呀！"把舌头伸的长长的，表示自己非常惊讶。

"就是，这和我们的直觉不太一样，但是千真万确是这样的。"爸爸语气很肯定，"你有没有注意到这些数字的规律？"

"它们两边是以对角线对称的。"说着，姐姐在(0，0)和(8，8)之间画了一条线，"两边的数是对称的！"

"姐姐的观察能力真的好厉害！所以如果我们预先知道它们是对称的，那么在计算的时候我们就可以只计算一半就可以了。"爸爸觉得今天的趣味数学话题可以从这里开始了。"爸爸给姐姐讲个趣味数学的故事吧！"

"好耶！"姐姐鼓起掌来。

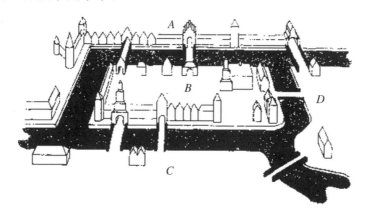

哥尼斯堡桥梁问题

"俄罗斯加里宁格勒市，在十八世纪时叫哥尼斯堡，还是东普鲁士王国的首都。美丽的普莱格尔河横贯城市，河上建有七座桥，将河中间的两个岛和河岸连接了起来，这里是人们闲暇时经常散步的地方。"爸爸说着，开始画出一张图。

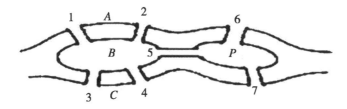

"时间长了，免不了有人提出一个有趣的问题，不管你从哪里开始，能不能不重复地走遍这七座桥，最后又回到原来的位置？

"这个城市的居民几乎都被这个看起来很简单又很有趣的问题吸引，很多人尝试了各种各样的走法，但是始终没有人找到这样的一条路，可谁也不能说就不存在这样的一条路。看来要得到一个明确、理想的答案还真不那么容易。"姐姐听爸爸介绍后，自己也开始用指头在图上试着走。"

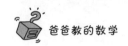

爸爸接着说："当 29 岁的大数学家莱昂哈德·欧拉在 1736 年访问这个城市时，有人带着这个问题找到他。欧拉是一位数学奇才，是数学史上最多产的数学家，有许多研究成果。欧拉还是许多目前通用的数学符号的发明者，例如 π，i，e，sin，cos，tg，Σ，$f(x)$，等等，至今沿用。据说他的许多研究报告都是在第一次与第二次叫他去吃饭之间的 30 分钟内写出来的。伟大的欧拉对这个过桥问题经过一番仔细思考后，很快就用一种独特的方法给出了解答。而且开创了一门对后世有巨大影响的学科——拓扑学和图论。"爸爸又开始画图。

"欧拉首先用自己天才的数学思维把这个问题简化。他用点表示岛和陆地，两座小岛和河的两岸分别看作四个点。两点之间的连线表示连接它们的桥，七座桥看作这四个点之间的连线。这样河流、小岛和桥简化为一个网络图，七桥问题就变成网络图能否不提笔一笔画成的问题！

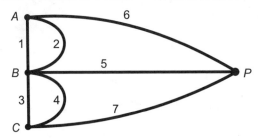

"对七桥问题欧拉的结论是：不可能每座桥都走一遍，最后回到原来的位置，因为所有能一笔画出来的图形的奇顶点（通过此点弧的条数是奇数的顶点）的个数必须也只能是 0 或 2 个。"妞妞的眼睛里有许多的迷惑，爸爸试图简单解释一下。

"简单地说，当一个人由一座桥（弧）进入一块陆地（点）时，他同时也必须由另一座桥（弧）离开这个陆地，所以每次经过一点必须有两条弧和它相连。从一个起点离开的线与最后回到起点的线亦是两条，因此每一个点相连的弧数必为偶数，方能保证能一笔画出，且回到起点。对不要求回到起点的一笔画问题，可以有两个奇点，一个出发、一个结束。

"七桥问题的图形中，没有一点含有偶数条弧，A 点三条弧，B 点 5 条，C 点三条，P 点三条，因此这个任务是无法完成的。"爸爸讲完了，静静地看着妞妞。

"原来如此！"妞妞把头抬起来，嘘了一口气，"原来是这样！"

"你告诉我这些图能不能够一笔画出?"爸爸在纸上画了三个图,"这就算是给你留的作业吧!"

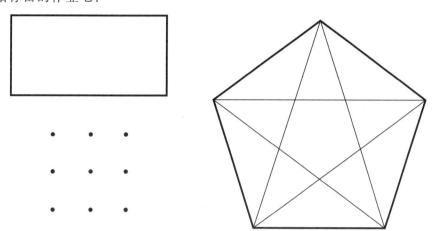

九个点排成 3×3 点阵,一笔能把九个点全部联通吗?

艾滋病毒的照片确实是很恐怖，一眼看上去冷不防会起一身鸡皮疙瘩。尤其是上面的绒毛状凸起，真是让人不寒而栗。

二十八、美丽的雪花与恐怖的病毒

早上起来，觉得有些奇怪，窗外的光线似乎过于明亮，家里也静悄悄的。看看时间 6:30，并没有比往常晚。轻轻拉开落地的窗帘，哇！好美的雪景！一夜悄无声息的雪，把一切都埋在雪白之中。对面楼里窗户放出的灯光显得那么温暖、那么柔和。房顶像是加盖了一床厚厚的被子，地上成排的汽车完全看不出原来的形状，就像是一堆堆巨大的雪白馒头。

家里有学生，每天都要早起。孩子上学很辛苦，孩子的妈妈、爷爷奶奶更是辛苦。他们起床都要比孩子早，准备好早点，送孩子上学校。一般而言，我不需要这么早起来，只是昨日难得一次回家吃晚饭，早早上床睡觉，今天也就醒得早了。

猛然想起今天是周六！爸爸轻轻拍了一下自己的脑门，暗自笑了笑，怪自己这一段时间都忙晕了。

悄悄打开孩子的房门，发现孩子也醒了。

"外面下了好大的雪耶！"爸爸轻声说，妞妞擦擦还有些惺忪的两眼，坐了起来。"是吗？"一骨碌爬起来，到窗户边，撩开窗帘往外望。"啊！太好了！我要去找小戴同学打雪仗！"

爸爸赶紧拉住妞妞，"吃完早饭再去也不迟啊！"心里想，今天的趣味数学是不是就从雪花讲起了。

吃完早饭。爸爸和妞妞有一小段休息时间。爸爸就开始了今天的趣味数学。"你知道为什么雪花都是六角形的吗？"爸爸问。妞妞摇摇头。

"严格地说雪花的基本形态是六角形的片状和柱状，只是由于柱太扁，我们看到的基本都是雪片。"爸爸说。

"水汽结晶属于六方晶系，也就是都呈正六边形。美丽透亮的水晶也如此，只不过水晶主要成分是二氧化硅（SiO_2）晶体，冰晶是水（H_2O）的结晶。六方晶系最典型的形状是正六面柱体。

所有六方晶系都具有四个结晶轴，每根轴就像一根树枝主干，上面可以长更多的枝叶。"爸爸一边说，一边用手指比画。

"其中三个辅轴在一个平面上，以 60°的角度相交。你看这样就有了六根树干了。而第四轴（主晶轴）与三个辅轴形成的平面垂直。当水汽凝华结晶时，主晶轴比其他三个辅轴的发育要慢得多，所以雪花多是片状。"

"最短的反而叫主轴？"妞妞看来有些意见。

正说着，妈妈已经把准备好的早餐端到桌上。一家人围坐在餐桌旁，一边喝着热乎乎的豆浆，一边在妈妈刚烤出来的面包片上抹上自己喜欢的东西。妞妞喜欢抹草莓果酱，爸爸喜欢抹些蜂蜜，妈妈则喜欢花生酱。

"这样叫是对所有六方晶系而言的，你不是也见过长长的六角水晶柱吗？它们的主轴就比较长。"爸爸觉得小孩子发现问题的能力在成长。

"要知道每一根轴在长出更多的结晶的时候依旧严格按照三辅一主的模

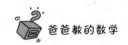

式，夹角严格保持在 $60°$，而且这根长轴要扮演其中一根辅轴的角色。你看，每一朵小冰花都有六片花瓣，有些花瓣像山苏花一样放出美丽的小侧舌，有些是弧形的，有些又是箭形的或是锯齿形的，但都是严格的正六角形。两千多年前我们的古人就说过：凡草木之花多五出，雪花独六出。他们观察真的是很细致。"

"那什么东西是五方晶系呢？"妞妞问。

"晶体根据其在晶体理想外形或综合宏观物理性质中呈现的特征对称元素可划分为立方、六方、三方、四方、正交、单斜、三斜 7 类，是为 7 个晶系，并不存在你所说的五方晶系。"听爸爸说完，妞妞有些不好意思了。

"不过正五棱柱我们几何课上是有的。"

"那你知道正多面体吗？"爸爸想到欧拉公式是一个很有趣的话题，今天刚好说说。

"就是相等的正多边形构成的立体吧？"妞妞还是初中生，并没有学到那么多的立体几何知识，不过喜欢博览群书的孩子知道的总还是比较多一些。

"差不多吧。欧拉公式你知道吗？就是简单多面体顶点数＋面数－棱数的结果肯定为 2。如果用字母来表示，简单多面体的顶点数 V、面数 F 及棱数 E 间有这样的关系 $V+F-E=2$。"爸爸很担心妞妞没有听说过这方面的知识。

不过还好，妞妞说："我们老师让我们填过一张表，然后得出过这个公式。"

姐姐的学校是一所著名大学的附属中学。这里的校风严谨，老师认真和细致的程度常常让爸爸很感激。比如，他们每一科的老师每周都会给家长写一封信，说说孩子一周的成绩和不足。再比如，他们对孩子们课外阅读和课外知识的鼓励，等等。

"是不是这样的表。"爸爸吃完早餐，到书房待了一会儿，出来时手里拿着一张写满字的纸。这时候姐姐也用完餐了，正在边喝茶边和妈妈说话。姐姐一看，纸上写着：

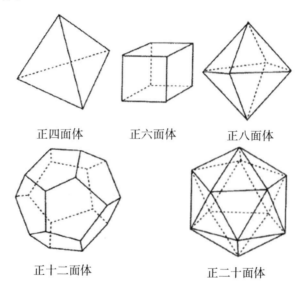

正四面体　　　正六面体　　　正八面体

正十二面体　　　　　正二十面体

V 表示顶点数，E 表示棱数，F 表示面数，$V+F-E=2$。

	V	E	F
正四面体	4	6	4
正六面体	8	12	6
正八面体	6	12	8
正十二面体	20	30	12
正二十面体	12	30	20

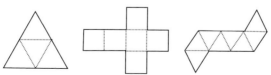

正四面体展开图　　正六面体展开图　　正八面体展开图

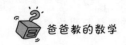
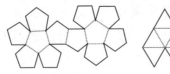

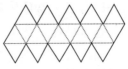

正十二面体展开图　　　正二十面体展开图

　　"差不多是一样的。我们算过，确实是符合这个规律的。只是我们都不知道这是为什么，按说它们之间是互相联系的。"妞妞稍微迟疑一会儿，"爸爸你能证明这个吗？"

　　"我可以选一种比较简单的情形来证明一下。"爸爸写下如下证明的时候说："你一定知道多边形的内角和公式是（边数－2）×180°。"

　　证明：

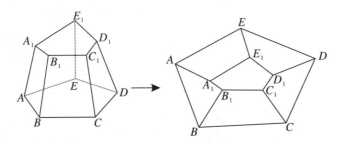

　　将图中多面体的底面 $ABCDE$ 剪掉，拉开伸展成平面图形，各面的形状、长度、距离、面积等与度量有关的量都发生了变化，而顶点数、面数、棱数等不变，故所有面的内角总和不变。

　　设左图中共有 F 个面，分别是 n_1，n_2，$\cdots$，n_F 边形，顶点数为 V，棱数为 E，则 $n_1+n_2+\cdots+n_F=2E$，这是因为每一条边都充当了两个多边形的边。

　　左图中，所有面的内角总和分为每个面计算为：

$(n_1-2)180°+(n_2-2)180°+\cdots+(n_F-2)180°$

$=(n_1+n_2+\cdots+n_F-2F)180°$

$=(2E-2F)180°$

$=(E-F)360°$。

　　右图中，尽管变形，但是角度总和不变，所有面的内角总和为：

$V_上 \cdot 360°+(V_下-2)180°+(V_下-2)180°$（剪掉的底面内角和）

$=(V_上+V_上-2)360°=(V-2)360°$。

$(E-F)360°=(V-2)360°$。

　　整理得 $V+F-E=2$。

爸爸讲完了，拍拍手，满意地看着妞妞。

"对于更复杂一些的立方体，可以把它们切割成一个个这样的相对简单的形状来证明。不过要强调妞妞记住的是欧拉公式并非对任何多面体都成立。比如，一个正方体中挖去一个小的正方体，数一下就知道 $V-E+F=4$。要是把小立方体上下都挖通，则 $V-E+F=0$。实际上我们把立方体的 $V+F-E$ 这个值叫作欧拉示性数，记为 $f(p)$。只有简单凸多面体欧拉示性数 $f(p)=2$，所以欧拉公式只是 $f(p)$ 的一个特例和简化而已。"

妞妞有些困惑。爸爸看出来，接着往下说："比如，在大正方体的一个表面中间粘贴一个小正方体，就形成了一个新的简单多面体，顶点数 16，棱数 24，面数 11。欧拉公式也不成立，对不对？这是因为它凹进来了，明白吗？"

"那么欧拉公式到底在什么条件下才成立呢？"妞妞急切地问爸爸。

"经过许多数学家的研究，发现只要多面体是实心的（里面没有空洞），只有一个连续的凸外表面，并且这个表面可以变形成为球面，那么欧拉公式就成立。""哦！原来如此。"妞妞松了一口气，心里想：这些东西看上去很简单，实际上好复杂。

"欧拉示性数是一个立体不管如何变形都会保持不变的一个值。比如，一个多面体，只有一个外表面，而且外表面可以变形为环面（和汽车轮内胎相似），那不管多面体如何变形，都有 $V-E+F=0$。前面说到的正方体中挖去一个小的长方体，上下都挖通，就是这样的一个例子。"

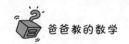

"这就是橡皮几何啊!"妞妞记起来原来说过的东西。

"是啊,就是拓扑学研究的内容。"爸爸又想起来一些吓人的东西。"你知道很多病毒都是正二十边形吗?比如,SARS病毒、艾滋病毒。"

"啊!是吗?这么可怕!"当看见爸爸拿出来的照片的时候,妞妞惊讶得捂着嘴大声惊呼。

要说SARS病毒示意图还好,艾滋病毒的照片确实是很恐怖,一眼看上去冷不防会起一身鸡皮疙瘩。尤其是上面的绒毛状凸起,真是让人不寒而栗。

"哈哈,害怕了吧?美妙的正二十面体就藏在它们的身体里面。"爸爸声音故意放得很低沉,有些夸张的恐怖。"你知道世界上的正多面体只有5种吗?这或许就是两种病毒都长成正二十面体的理由哦!"

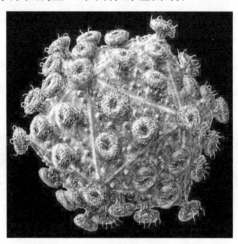

恐怖的艾滋病毒

"不可能吧!正多边形可以有任意多,正多面体只有五种?"妞妞明显是不信爸爸的话。

"爸爸说的是真的!早在两千年前的古希腊,柏拉图就发现了这个事实。爸爸证明给你看。"说着,爸爸一边说,一边开始写下如下的证明。

证明:对于正多面体,假设它的各面都是正 n 边形,而且每一个顶角处有 m 个边相遇,顶点数为 V,面数为 F,边数为 E。所有变量都是整数。这样就有:

$n \times F = 2E$ (1)和 $m \times V = 2E$ (2)。

(1)的右边系数是2因为每边出现在2个面中,(2)的右边系数是2因为每边通过2个顶角。

把(1)和(2)代入欧拉公式 $V+F-E=2$ 中，就得到：

$\frac{2E}{m}+\frac{2E}{n}-E=2$ 化简得，

$\frac{1}{m}+\frac{1}{n}=\frac{1}{E}+\frac{1}{2}$ （3）。

显然 $n\geqslant 3$，$m\geqslant 3$，因为多边形至少有三边，而在每顶角处也至少有三边。

但 $n>3$，且 $m>3$ 又是不可能的，因为那样就要有，

$\frac{1}{m}+\frac{1}{n}<\frac{1}{4}+\frac{1}{4}=\frac{1}{2}$，

可是 $E>0$，$\frac{1}{E}>0$，（3）式不成立。

所以 m 和 n 中至少有一个等于 3。

设 $n=3$，m 不可能大于 5，因为若如此，$\frac{1}{n}+\frac{1}{m}<\frac{1}{3}+\frac{1}{6}=\frac{1}{2}$，就有矛盾了。

有 $m=3$、4、5，于是 $E=6$、12、30，而 $F=4$、8、20。

这是正四面体，正八面体和正二十面体。

同样理由，设 $m=3$，那么 $n=3$、4、5，于是 $E=6$、12、30，而 $F=4$、6、12。

这就给出了正四面体，正六面体(立方体)和正十二面体。

"太不可思议了!"妞妞惊呼道。

"这个证明其实已经挺简单的了。不过还有更简单的证明。"爸爸微笑着一边说，一边写下一些文字。

"正多面体就是各个面都是相等正多边形的多面体。先来看看什么样的正多边形可以构成正多面体的面。

"设正多边形内角为 A，多面体顶角是正 n 面角($n\geqslant 3$)，那么显然应该有 $n\times A<360°$，所以 $A<120°$，否则无法构成一个多面体。

"所以正多面体的面只能是正三角形，正四边形和正五边形。边数更多时 A 就越大，不成立了。

"讨论情形有：如果是正三角形，则 $A=60°$，$n=3$，4，5；

如果是正四边形，则 $A=90°$，$n=3$；

如果是正五边形，则 $A=108°$，$n=3$。

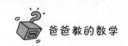

"这就是上面的五种正多面体。如果要进一步算出它们的顶点数、边数和棱数，只需要简单套用欧拉公式，这里就不说了。"

妞妞不说话，安静地琢磨着这个简单证明中的妙处。

"在最后我们来讨论一个比较难的问题。你看，足球是由二十个正六边形、十二个正五边形组成。若从正二十面体棱边的三分之一处切去十二个角，就是个足球。"

"对呀!"妞妞问，"你的问题是什么呢?"

"如果只知道足球表面是由正五边形(黑皮子)和正六边形(白皮子)的皮革拼缝成的，要你根据欧拉公式计算一个足球共有多少个这样的五边形黑皮子和六边形白皮子，你会算吗?"

妞妞想了想，摇摇头。爸爸说："我来讲给你听听看。"一边说，一边写下一些关键的证明文字。

"足球是简单凸多面体，满足欧拉公式 $F-E+V=2$，我们还是用 F、E、V 分别表示面、棱、顶点的个数。

"设足球表面正五边形(黑皮子)和正六边形(白皮子)的面各有 x 个和 y 个，那么我们有：

面数 $F=x+y$，

棱数 $E=\dfrac{5x+6y}{2}$（每条棱由一块黑皮子和一块白皮子共用），

顶点数 $V=\dfrac{5x+6y}{3}$（每个顶点有三根棱），

代入欧拉公式，我们有 $x+y-\dfrac{5x+6y}{2}+\dfrac{5x+6y}{3}=2$，

$x+y-\dfrac{5x}{2}-3y+\dfrac{5x}{3}+2y=2$，

$\dfrac{x}{6}=2$。

"解得 $x=12$，也就是有 12 块正五边形的黑皮子。不过我们还不能解出正六边形的白皮子数量。不过，别急，我们看黑皮子一共有 $12\times5=60$ 条棱，这 60 条棱都是与白皮子缝合在一起的。而对白皮子而言，每块白色皮子的 6 条边中，有 3 条边与黑色皮子的边缝在一起，另 3 条边则与其他白色皮子的边缝在一起，黑白交叉。

"所以白皮子所有边的一半是与黑皮子缝合在一起的，那么白皮子就应该一共有 $60\times2=120$ 条边。

"$120\div6=20$，共有 20 块白皮子。"

"确实有意思。"妞妞扭头看了看窗外，"爸爸，我想出去打雪仗，你和我们一起玩吧！"

雪花又开始无声地飘落。

窗外有人在拍照，有人在扫车。雪地里一大群孩子们叽叽喳喳在堆一个巨型的雪人，还有几个在远处的小花园打雪仗。

多么难得的快乐时光！让孩子们撒撒欢吧！

二十九、蚂蚁上树

　　爸爸很喜欢一道四川菜叫"蚂蚁上树"，就是把肉末和粉丝一起炒，加上许多的调料，比如，辣椒末、葱、蒜等。不过由于妞妞不喜欢吃辣的，所以爸爸在家里做这道菜就把辣椒免了，多放了些青蒜丁，味道一样很美味。这一天爸爸在家里又做了这道菜。

　　妞妞将来一定是个美食家，看她吃得那么香，作为厨师的爸爸觉得比得到任何夸奖都要高兴。"妞妞知道为什么这道菜叫'蚂蚁上树'吗？"

　　"肉末就像是蚂蚁，粉丝就像是树枝条。加在一起就是'蚂蚁上树'了呗。"妞妞头都不抬，觉得这个问题好简单。

　　"这里面也有有趣的数学耶，你想不想听？"爸爸故意问。

　　"真的？"妞妞抬起头，嘴巴还在嚼东西，但是眼睛直视爸爸，显得很好奇，"这里面有什么数学呢？"

　　"我们这个世界是一个三维的世界，蚂蚁是一个点，算零维世界的动物；粉丝算一根线，是一维的。我们的饭桌是一个平面，算是二维世界。妞妞呢？在用筷子吃'蚂蚁上树'，就是三维的了。"爸爸微笑地看着妞妞。

　　妈妈笑着又插话了："爷俩又要把饭菜吃凉了。"

　　"我吃完了，"妞妞放下碗筷，"什么是维呀？"

　　"你看，如果蚂蚁在一根非常长的粉丝上爬行，我们只需要告诉你它离开出发点有多远，你就可以把它找到，对不对？"妞妞点点头，"这说明只需要一个数字就能把蚂蚁定位。而对于桌面上的蚂蚁，如果只知道蚂蚁离开出发点的距离，没有办法确定蚂蚁的准确位置。蚂蚁可能在一个以出发点为圆心，以距离为半径的圆上，对不对？"

"嗯，没有办法确定在哪一个点上。"妞妞的兴趣真的上来了，爸爸接着说："我们要确定蚂蚁在桌面上的准确位置，必须用两个数字，从原点出发，向正前走了多远，向左走了多远。"这时候爸爸把妞妞掉在桌子上的"蚂蚁"用纸巾小心地清除干净。妞妞有些不好意思，自己也开始清洁桌子。"要是蚂蚁走的就是一条直线呢？"

"即使蚂蚁走的是一条直线，由于直线可以是很多，我们需要加上这条直线的角度才能肯定蚂蚁是在哪条直线上，对不对？也就是说需要距离加上角度，数学上把前面的定位方法叫正交坐标，也叫笛卡儿坐标，因为是数学家笛卡儿发明的。后者称之为极坐标。它们之间存在完全的等价关系，可以互相转换。最重要的是必须有两个数字才能决定位置。"

妞妞点点头，"这就是为什么称它为二维的原因吗？"

"对，必须两个数才能准确描述的世界就是二维世界。接下来如果蚂蚁会飞，比如，这是一只飞蚂蚁。"妞妞立即显出害怕的样子，把爸爸妈妈都逗乐了。

"我们要准确知道它在什么位置，除必须知道它向前向左走的距离以外，还必须知道它向上飞了多高。如果用极坐标的办法，我们还需要知道这根线朝上的角度。也就是必须三个数字才能完全界定这只淘气的飞蚂蚁的位置。"

"幸好我是个三维人！"妞妞的表情有些滑稽，"可是我还是不明白什么是维？"

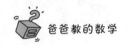
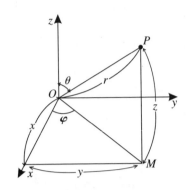

　　"最简单的回答，一个点就是零维世界，因为它没有长宽高，长宽高都不存在。

　　"一条线，不管是不是直线，构成一个一维世界，这里有长度的概念了，但是依然没有宽和高。

　　"一个平面，不管是平的还是曲的，都构成一个二维世界，这里有了长和宽，但没有高。

　　"而我们生活的这个世界就是一个三维世界，我们的长宽高都不是0，是不是？"妞妞点点头，还是有些迟疑。

　　爸爸接着说："生活在二维平面世界的生命，它们的世界里只有长和宽，根本无法理解第三维——'高'这一维，因此，它们对三维世界的感知只限于三维物体在平面世界的投影，或者三维物体与平面世界的接触面。

　　"你想一想，一个平面生命怎么能够通过影子来想象立体物体的丰富性和完整性呢？当三维物体与平面世界接触时，三维物体在平面世界上的零碎片段，比如，一张桌子的四条腿印，人印在地面上的两双鞋印，更让平面生命摸不着头脑——这些拼不到一起的碎片究竟意味着什么呢？

　　"它们不能想象，四片互不相连的桌子腿印迹会构成一张完整的桌子，那相隔甚远的一路鞋印上是一双完整的鞋子。而且，鞋的上面竟然还有一个更加完整的人！用二维世界的眼光来理解三维世界，永远只是些碎片，永远不可能将它们拼成一个整体。"

　　妞妞一边听一边笑，这些二维的扁人确实会糊涂的。

　　爸爸也微笑着接着讲，"如果有一天，一位二维世界的数学家想出一个绝妙的理论，可以解释许多它们无法理解的事实。这个理论说平面世界之外还有一个'向上'的第三维，如果顺着这些碎片'向上'看，其实碎片是一个完整的整体！这肯定是个惊世骇俗的见解，绝大多数平面生命都会无法接受。

"对于我们这些生活在三维世界里的人们来说情形好像也是一样的，虽然我们无法想象和描述一个更多维的空间，但我们却能通过复杂的数学方程推导出它的存在，而且这能非常好地解释许多我们直观上无法理解的事实。事实上能够理解这个理论的人也并不多。"

姐姐点点头说："要是能够到它们的世界里看一看就好了。"

"姐姐说到了一个非常有趣的观察点。如果我是一只零维世界的蚂蚁，当我在粉丝上爬行的时候，也就意味着我在一维空间里的时候，我的世界就是这一条线。没有上下左右，只有前后。爬过去、爬过来总在这条线上。当姐姐用筷子把这只蚂蚁从一根粉丝夹到另外一根粉丝上的时候，我就进入了另外一个完全不同的一维世界。如果蚂蚁不知道其他的高维世界的话，它会无法理解为什么自己会突然转移到这个陌生的世界来。"姐姐有些迷惑，轻轻地摇了摇头，又轻轻地点点头。

"好，爸爸再讲下面的例子。假设蚂蚁还不会飞，只会在桌面上爬行。我们要将蚂蚁关起来，只需要用线在它四周画一个圈即可，对不对？"

听到这里，姐姐高兴起来，"我看过一个杀虫笔的广告，用笔在地上画一个圈，虫子就跑不出去了，很好玩的！"

"这样一来，在一个桌面也就是一个二维空间的范围内，扁蚂蚁无论如何也走不出这个圈子了。"姐姐的例子把爸爸也搞笑了。

"蚂蚁也会有许多的东西搞不懂，比如，灯泡照出的人的影子，落在桌子上，这个扁平的蚂蚁会感知到黑了，但是影子来了又去，蚂蚁是无法明白这是人在三维空间里移动造成的，因为它不知道东西有高度，无法离开扁平的世界。"

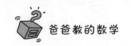

妞妞心里想，可怜的扁蚂蚁，但愿不真的是我的好爸爸。

"现在三维空间的妞妞还可以把蚂蚁拿到地板上，也就是从第三个维度的方向（从表示高度的方向），将扁蚂蚁从圈中取出，再放到另外一个二维空间里面，给蚂蚁自由。"

爸爸等了一会儿，慢慢接着说："如果这些你同意的话，对我们这些三维空间里生活的人而言，如果有人从四维空间里出来，把我们拿到另外一个三维世界里去，我们也搞不清楚是如何做到的。"

妞妞的眼睛瞪得大大的，"那是不是外星人呀？"

"完全可能呀！只是我们这些生活在三维空间的人还不能理解四维，或是更高维的空间而已。爱因斯坦相信第四维就是时间，沿着时间旅行，就可以跑到任何一个时间点。这可是令许多人都难以接受的事情，不过爱因斯坦说如果我们能够以超光速旅行，我们就可以让时光倒流，比如，回到历史上的大唐盛世。"

爸爸的眼睛里有些激动的光芒，"妞妞一定看过时空旅行的科学幻想电影，像《终结者》就是一部很有名的时空旅行影片。施瓦辛格扮演的终结者乘时光机器回到过去，救出了那位母亲。"

"如果可以时光倒流，我就要去看看爸爸小的时候是什么样子。"妞妞也觉得很好玩。"那是不是真的可以改写历史呢？"

"说实话，爸爸也不知道如何回答这个问题。有许多的科学家相信总有一天人类会做到这一点。时空旅行就是从现有的三维空间中跳出来，沿时间旅行，到达某个期望的时间点，回到历史上的某一时间里，或到达未来的某一时间。

"如果我们能进入四维空间，那么，瞬间跨越三维空间的任何距离都是可能的。这个理论看上去是很符合逻辑的，但是也有许多有趣的诘问。比如，如果历史改变了，你不存在了，回到历史中的这个人又是谁呢？有人解释说当历史改变时，你所处的三维空间就不是原来的三维空间了，沿着这个改变后的历史发展的又是另外一个世界。换句话说像我们这样的世界并行存在有无数个，每一个世界里面都有一个你。"

"这也太神奇了吧！另外世界里还有一个我？那我怎么不知道呢？不过我很喜欢时空旅行这个想法，或许那一天我也会到历史上的某一天去看看，不过我只会是看一看，不会去改变什么，省得那么多的麻烦。"妞妞一边说，一边嘿嘿地笑。

"对呀，如果我们这个世界只是巨人放的一个鞭炮，他们的一天相当于我们的一千万年，他们比我们看到的世界大 10E30 倍，就算他们也是在一个三维空间里，我们都不能够理解他们，何况四维空间？这个世界我们搞不清的东西太多。"爸爸很感叹。

"对呀，爸爸，如果原子核就是一个太阳，它们的世界比我们小 10E－30 倍，那么我们的一天或许也相当于他们的一千万年，它的行星上的智慧生物我们永远都不会看见，他们也永远都不会理解我们的世界呀！哈哈，这个世界太奇妙了！"

爸爸非常高兴妞妞的联想，心里说：要是妞妞知道世界上最优秀的数学家在研究弦理论的时候宣称点粒子不是三维，而是多维的。弦的运动必须有高达十一维的空间才能满足它的运动特征，就像一只真正蚂蚁的运动复杂到无法在二维平面中完成，而必须在三维空间中完成一样，知道这个的时候孩子不知道又会说出什么惊天动地的话语来。

"爸爸最近看了一本小说，刘慈欣先生的科幻小说《三体》，这是本获得雨果奖的优秀作品。其间关于宇宙强大的文明用'二向箔'一张卡片大小的维度武器，把太阳系降价为二维平面，从而毁灭我们的宇宙的描写，让我心惊不已。当然在这本伟大的小说中还有许多奇异瑰丽的想象，非常好看，你有时间一定要读读。"

妞妞小心地沿着纸带方向把莫比乌斯带剪成两半，果然像爸爸所说，神奇的事情发生了！它居然还是一条完整的带子，不过是长了一些、卷曲多一圈而已。妞妞惊讶得说不出话，好半天都没有明白到底发生了什么事。

三十、扭麻花的空间

爸爸夏天的时候曾经到中越边境的一个瀑布参观，看到那里的苗银饰物实在便宜，花三十五元顺便买回来了一对银镯子。银镯子式样古朴简单，就是把细银条旋扭相连，在接口处刻上龙头和龙尾。看上去就像是一条龙张大嘴在咬自己的尾巴。

妞妞很喜欢这对镯子，常常拿在手里玩。这天她又把这对镯子戴在手上写作业，突然抬起头问爸爸，"一条龙咬吃自己的尾巴，不停地吃，最后会剩下点什么？"说完狡谲地看着爸爸，心里想，这样的难题可是不容易想出来呀！

"最后就剩一张嘴和一个胃，因为所有的龙身体都被这张嘴吃到胃里面了。"爸爸把正在看的书放到一边，哈哈大笑起来。"刚才是和姐姐开玩笑的，最后应该剩下一个环，就是一个轮胎的样子。"

"我觉得应该只剩下一个肉球球。"姐姐也开始眯起眼睛笑。

"应该是一个中间有眼的肉球球，这和一个环是一样的。"爸爸突然想起了拓扑学上的等价变换，今天的趣味数学就讲一些有趣的拓扑话题好了。"如果我们有一个橡皮球，你能不能把它捏成一个环？"

"可以，在中间打一个洞，然后用劲拉开就行了。"姐姐的回答依旧是很快。

"如果我们不许打眼，不许粘接，可以变形，就像真的橡胶一样，当然弹性可以非常大，有一门数学专门研究这样的几何，我们叫它拓扑学。"

"橡胶几何！"姐姐觉得很好玩。

"对，它的别名就叫橡胶模几何。比方说一只橡胶手套，如果橡胶手套的弹性非常大，我们从它的开口处使劲往外拉，结果能拉成什么呢？"

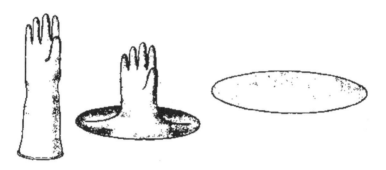

把手套变成圆盘

"拉、拉、拉……"姐姐嘴里念叨，"先是一个五指山。再拉，山头没了。哇，是一块橡胶膜！"姐姐的话里透出兴奋，这样的问题原来为什么没有想过呢？

"对，非常正确！手套和一张平膜在拓扑学上是等价的。"爸爸说，"我们还是来看一个神奇的纸带吧！"

说着，爸爸拿出剪刀，在一张复印纸上剪下了一条，把对边扭转180°，然后用胶水把它们粘好。

"这就是非常非常有名的莫比乌斯带。"爸爸的话语中有许多的骄傲。"不要小看这个带子，它的出现直接导致了扭曲空间的研究，而空间扭曲对于我

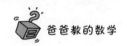

们认识宇宙有极大的意义。它是由德国数学家莫比乌斯发现的。还是先让你看看它的神奇之处吧！"

爸爸把纸带交给妞妞，"你拿出彩笔，不要提笔，沿着纸带的中间画一条直线给爸爸看看！"

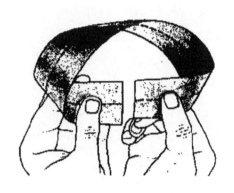

制作莫比乌斯带

妞妞开始小心地画，心里想不知道爸爸又在设计什么古怪的问题。画着画着，妞妞的笔慢了下来，继而惊叫一声，"咦！怎么把两边都画上了？"

"这就对了，莫比乌斯带只有一个面！既是正面也是反面，或者说既没有正面，也没有反面。有趣吧？如果你用一把漆刷沿着纸带一个方向刷漆，那么你将发现，当漆刷回到起点时，它已将整个纸带的表面都涂满漆了。这可是和我们的直觉完全不一样，对不对？输送带的一面会有较多的磨损，而在莫比乌斯输送带中，两面可以均匀分担磨损，传送带的寿命可以延长一倍。"

爸爸也不等妞妞回答，接着说："你拿剪刀沿你刚才画的中线剪断，看看又会发生什么有趣的事。"

妞妞小心地沿着纸带方向把莫比乌斯带剪成两半，果然像爸爸所说，神奇的事情发生了！它居然还是一条完整的带子，不过是长了一些、卷曲多一圈而已。

妞妞惊讶得说不出话，好半天都没有明白到底发生了什么事。"咦，太奇怪了！明明是剪破了，怎么还是连在一起呢？"

爸爸在妞妞剪纸带的时候，又做了一个莫比乌斯带，交给妞妞，让她把纸带三等分一下。妞妞这次做的很快。爸爸说："你再用剪刀沿两根画线剪开，你觉得应该是个什么结果呢？"

姐姐说："应该还是一个圈圈吧！先剪一刀后，变成一个大圈，再剪一刀变成一个更大的圈。让我剪剪看。"

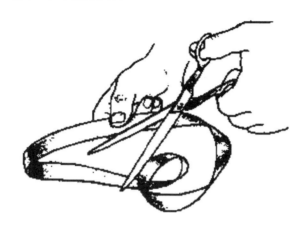

沿中线把莫比乌斯带剪成两半

剪刀在姐姐灵巧的小手里不停地张合。原以为会需要开两个口下剪子，不想不用剪子离开纸，直接转了两个圈，竟然把三等分的两条线都剪完了。剪开的结果居然是两个互相套住的纸圈。一个纸圈是大小和原来一样只是变窄了的莫比乌斯带，另一个纸圈像是把莫比乌斯带剪成两半之后的大纸圈。

"好奇怪哟！"姐姐放下手中的剪刀，望着爸爸，希望爸爸能够说点不一样的东西，让姐姐一下子明白是怎么回事。

"一个平面我们说它是二维空间，二维空间可以是平坦的，比如，我们原先说到过的桌面，或是一个无穷大的桌面；也可以是扭曲的，就像莫比乌斯带。莫比乌斯带只是扭曲了$180°$，剪断的莫比乌斯带，却卷曲了$540°$。它实际上可以卷曲更多的度数。如果二维世界可以卷曲，那么三维世界为什么就不会卷曲呢？"

"三维世界的卷曲，又是什么样子呢？"姐姐无法想象。

"我们生活在地球上，多少年都认为大地是平的，可它却是个大球面，要知道世界比我们的直觉要复杂有趣得多。一个卷曲的三维世界爸爸也没有办法给你很科学地描述，不过你可以把它简单地想象成扭着的麻花。在扭麻花般的三维空间中，我们可以想象一些有趣的事情。"爸爸喝了一口水。拿出了一个奇怪的瓶子，这是爸爸投资的一家3D打印机公司刚打印出来的。姐姐看了觉得非常奇怪。"这是什么东西？"

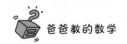
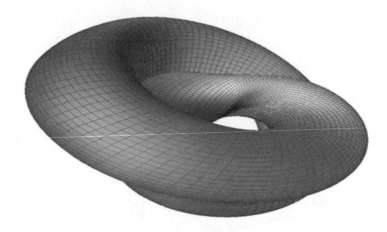

"二维世界里是有左右的，还记得吗？它只是没有高度。如果我们沿莫比乌斯带走，走一圈回到出发点的时候，你就会发现左右已经易位了，不信你可以试试。这就是说，沿着卷曲的二维世界旅行，你自己并没有旋转，空间的扭曲让二维世界里的生物左右调换了。

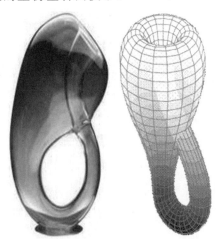

"这是著名的克莱因瓶，沿着它的经线走，你能走遍这个瓶的里面和外面，这就是说这个瓶只有一个面。而且如果把一个克莱因瓶沿着它的对称线剪开来，我们就能得到两条莫比乌斯带。

"克莱因瓶是一个在四维空间中才可能真正表现出来的曲面，如果我们一定要把它表现在我们生活的三维空间中，我们只能将就点，把它表现得似乎是自己和自己相交一样。事实上，克莱因瓶的瓶颈是穿过了第四维空间再和瓶底圈连起来的，并不穿过瓶壁。"

"这是怎么回事呢?"显然姐姐有些糊涂。

爸爸接着解释:"我们用平面上的 8 字扭结线条来打比方。如果我们把它看作平面上的曲线的话,那么它似乎自身相交。实际上,这个图形是三维空间中的曲线,它并不和自己相交,而且是连续不断不自交的一条封闭曲线。平面上的 8 字扭结只是它在平面上的投影。

"在平面上一条曲线自然做不到不相交而通过,但是如果有第三维的话,它就可以穿过第三维来避开和自己相交。只是因为我们要把它画在二维平面上,只好将就一点,把它画成相交的样子。"

原来如此。姐姐轻轻出了一口气。"克莱因瓶也一样,这是一个事实上处于四维空间中的曲面。在我们这个三维空间中,即使是最高明的能工巧匠,也不得不把它做成自身相交的模样。

如果我们的宇宙在什么地方呈现出克莱因瓶式的扭曲,那么我们的宇航员沿着这个空间旅行回来的时候,会发现自己所有的左右都掉了个,就像镜子里面一样。左右手、左右眼换边,心脏在右胸腔里跳动,一切都在,可是却又全都不同! 这会是多么的神奇事情呀!"

"爸爸,上下为什么不掉个呀?"姐姐惊讶之余也会给爸爸出难题,不过爸爸这次不太愿意自己来回答,而且好像一下子也没有什么好办法回答,"你照镜子的时候为什么镜子里的像不是头朝下,脚朝上呢?这个问题你作为思考题好不好?"

数学恐怕是最美的科学了，慢慢你会领会得更深。

三十一、数字黑洞

姐姐有一本《阶梯新世纪百科全书》，这还是妈妈送给姐姐十岁的生日礼物呢！姐姐有好些问题不明白，不是去看爸爸送姐姐的《十万个为什么》，就是去看这本书。比较而言，百科全书里面的图更多、解释更平易、印刷也更精美，所以姐姐更喜欢看。

"爸爸，黑洞会不会把我们吸进去呀？"姐姐正在看《阶梯新世纪百科全书》的"宇宙"这一页，"为什么黑洞是我们宇宙的出口呢？出到哪里去了呢？"

"'黑洞'（black hole）可是一种极其神秘的天体，是由巨大的恒星坍塌演化而成。天文学家很早就预言了它的存在，可是无法找到。这是因为黑洞的物质密度极高，吸引力极强，任何物质经过它的附近，都要被它吸引进去，包括光线都逃脱不了，而且一旦吸住就再也不能出来。

"也正是由于这个特点，黑洞永远都是无法通过肉眼或观测仪器看见的，只能用仪器测量空间异常的引力场，理论计算或根据光线经过其附近时产生的弯曲现象而判断其存在。"爸爸慢慢说。

"光线还会弯曲？太强了！"姐姐想象光线的弯曲就像爷爷的钓鱼线，风一吹，线就有小小的弯曲。

"理论上银河系中黑洞应该有几百万到几亿个，但至今被科学家观测确认了的黑洞只有天鹅座 X-1、大麦哲伦云 X-3、A0620-00 等极其有限的几个，发现并确认黑洞成为 21 世纪的科学难题之一。它们离我们太远了，对我们几乎没有什么影响。

"至于它吸收的物质到哪里去了，爸爸也说不清楚。不过许多科学家相信当它吸收的物质足够多的时候，就是它再次爆发的时候。也有许多科学家相信，黑洞是我们这个宇宙向其他宇宙输送物质的管道，是高维世界在我们宇宙的抽水管。"

"太有趣了，黑洞怕是谁都不能去看看吧？哼，一去就不会回头。"妞妞想要是把班上总欺负自己的几个坏蛋送到黑洞旅游就好玩了。

爸爸没注意妞妞的心思，接着说："在数学中也有黑洞，你想不想听听？"

"好吧！"听听也不错，不过不能用来惩罚人，妞妞心里想，也就点了点头。

"数字黑洞，就是无论怎样设值，在规定的计算法则下，最终都将会回到一个数值上，而且再也跳不出去了。这个神秘的数字就像宇宙中的黑洞一样可以将任何数字牢牢吸住，不使它们逃脱。研究数字黑洞对于密码的设计和破解，对于数学科学里具有巨大意义的不动点理论的发展都提供了一个全新的思路。下面我给妞妞讲几个好玩的数字黑洞。"说着爸爸拿来纸和笔开始给妞妞讲解。

"第一个黑洞叫西西弗斯串。设定一个任意数字串，数出这个数中的偶数个数、奇数个数及这个数中所包含的所有位数的总数。例如，1 234 567 890。

"偶数：数出该数数字中的偶数个数，在本例中为 2，4，6，8，0，总共有 5 个。

"奇数：数出该数数字中的奇数个数，在本例中为 1，3，5，7，9，总共有 5 个。

"总数：数出该数数字的总个数，本例中为 10 个。

"列出一个新数：将答案按"偶—奇—总"的位序排出，得到新数为 5 510。

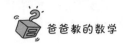

"重复：将新数 5 510 按以上算法重复运算，可得到新数 134。

"重复：将新数 134 按以上算法重复运算，可得到新数 123。

"结论：任意一个数经有限次重复后都会是 123，任何数的最终结果都无法逃离 123 黑洞。"

"这很简单，我也来试试。"

妞妞写下了一个 15 位的数字：710 668 185 932 477，接着往下算。奇数有 8 个，偶数有 7 个，所以新数字是 7 815，下一个新数就是 134，再算一次就是 123 了。

"任何数字怎么会都能变成一位偶数、两位奇数的三位数字 123 呢？"

"这是因为这个规则能保证最后的数字是一个三位数，对不对？偶—奇—总嘛！既然是三位数，第三位一定是 3，前两位一定是 2 和 1，1 和 2，3 和 0，0 和 3，对不对？而这几种情况都会导致 123 这个结果。"

"原来是这样啊！这个不难。"妞妞回答道。

"那爸爸说一个难一些的。第二个黑洞就是卡普雷卡尔黑洞。

"你取任何一个四位数（4 个数字均为同一个数字的除外），将组成该数的 4 个数字重新组合成可能的最大数和可能的最小数，再将两者的差求出来；对此差值再重复同样的过程。"

爸爸在纸上写下 7 190，接着说："它能组成的最大的数为 9 710，最小的数为 0 179，二者的差 9 531。重复上述过程得出 9 531－1 359＝8 172。

"再来一次 8 721－1 278＝7 443。

"7 443－3 447＝3 996。

"9 963－3 699＝6 264。

"6 642－2 466＝4 176。

"7 641－1 467＝6 174。6 174 称之为卡普雷卡尔黑洞，你再怎么算都不会出去了。"

"真是这样！别的数字，像五位数、六位数也会掉到黑洞里去吗?"妞妞好奇地问道。

"实际上除开一位数字，一位数没什么意思的，任意位数都会有类似四位数那样的黑洞数字。

"二位数有唯一的黑洞数 9，三位数有唯一的黑洞数 495，四位数有唯一的黑洞数 6 174，五位数有一组数字，所有的其他数字最后都要掉入这组数字里面，再也出不去。这组数是：61 974—82 962—75 933—63 954，再高位的数字也基本上是一组或几组数字的黑洞。"

"还真挺好玩的，爸爸还有吗?"妞妞问。

"其实我们可以有许多的黑洞算法，不过数学家们总是喜欢一些看上去复杂一些的。下面这个就是数学家们经常研究的数字黑洞，因为它可能和数论上的一些难题有关。这就是自幂数黑洞。自幂数就是除了 0 和 1 的自然数中，各位上的数字取几次方之后相加，结果可以等于自己的数字。

"我们先说平方数，如果是两位数，比如 ab，这就需要 $10 \times a + b = a^2 + b^2$，其中 a 和 b 是 0 到 9 的自然数，a 不能为 0。这个方程是有两个未知数的不定方程，只取整数解。简化一下有：

$(10 - a) \times a = b \times (b - 1)$。

"给 a 取值 1～9，等式左边有值 9，16，21，24，25，24，21，16，9。

"等式右边给 b 取值从 0～9，有值 0，0，2，6，12，20，30，42，56，72。

"两边不可能有整数解，也就是说两位的二次方自幂数不存在。我们还可以证明三位及更高的位数都不存在二次方自幂数。"

"噢，那三次自幂数是什么呀?"妞妞问道。

"除了 0 和 1 之外的自然数中，各位数字的立方之和与其本身相等的只有 153、370、371 和 407，此四个数称为'水仙花数'，你说美不美?"

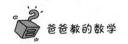

"水仙花是很美的，是不是因为它只有四个花瓣呢?"妞妞问道。

"不是吧，水仙花有六个花瓣。爸爸觉得好像是因为水仙花有许多的 3。比如，花瓣有两层每层 3 个花瓣，等等。不过总是因为觉得这些数字很美，人们才取一个花儿的名字，对不对?"妞妞心里有些异样的感觉，"数字可以很美吗? 上次老师说要讲美丽的三角形的时候，我们都觉得老师很夸张。"

"数学恐怕是最美的科学了，慢慢你会领会得更深，我可以先给你讲讲这些数字的美丽之处。比如 153 吧，你看 153＝1＋2＋3＋4＋5＋6＋7＋8＋9＋10＋11＋12＋13＋14＋15＋16＋17。换句话说，它等于 1 至 17 间所有整数之和。"爸爸一边说，一边在纸上写下算式。

"153 的魔力还远远不止这些。它可用另一种重要方式来表示：$153＝1＋(1×2)＋(1×2×3)＋(1×2×3×4)＋(1×2×3×4×5)$。现代数学家会更简练地写出这一等式：$153＝1! ＋2! ＋3! ＋4! ＋5!$ 如果一个数后面跟着一个感叹号，你就可以得到从 1 到该数本身所有整数的乘积，这种运算被称作求阶乘。"

妞妞听得非常认真，"哦，我们在前面用到过这样的乘法。153 确实太美丽、太神奇了!"

爸爸微笑着接着说："$153＝1^3＋5^3＋3^3$"，有的数学家就说 153 潜藏在每个含有因数 3 的数中。据说任意选取 3 的任何倍数，计算出其各位数字 3 次方之和，再计算出得数的各位数字 3 次方之和。就这样不断地算下去，就肯定可以得到 153。让我们试试看。"

爸爸让妞妞选一个 3 的倍数，妞妞选了 369，爸爸接着在纸上做了如下的计算。

369 每一位的三次方为 27，216，729，三位数之和为 27＋216＋729＝972。

972 有和 729＋343＋8＝1 080。

1080 有和 1＋512＝513。

513 有和 125＋1＋27＝153。

"确实如此耶！"妞妞很兴奋，不过爸爸还是要求妞妞再出一个 3 的倍数试试，这次妞妞出了 258。两个人有下面的运算。

258 各位上数字的立方分别是 8、125 和 512，其和为 645。

再计算一轮，和为 216＋64＋125＝405。

再来一轮和为 64＋125＝189。

再来一轮 1＋512＋729＝1 242，继续往下还有

1＋8＋64＋8＝81，

512＋1＝513，

125＋1＋27＝153，

1＋125＋27＝153 这就出不去了。

"看起来所有的 3 的倍数各位的立方和都能掉到 153 这个黑洞里面，中间过程中的每一个数都是 3 的倍数。"妞妞若有所思。

"是呀，405，189，1 242 都是 3 的倍数，这一点是可以根据 3 的倍数的特点来证明的。凡是类似的规律我们都需要多试试，而且在没有严格证明的前提下，还是别迷信的好。"

"爸爸说得很对，表扬爸爸一次！"妞妞又开始淘气。

爸爸微微笑笑说："除了 0 和 1，自然数中各位数字的四次方之和与其本身相等的只有三位 1 634、8 208、9 474，它们被称为'玫瑰花数'。"

妞妞自己试了一下第一个数字，其各位的四次方之和为 1＋81＋256＋1 296＝1 634，果然是一个黑洞。"这就是美丽的玫瑰花儿！"妞妞感叹道。

"最后各位数字的五次方之和与其本身相等的只有三位，分别是 54 748、92 727、93 084。它们被叫作'五角星数'。更高位的数字计算就更加复杂，我们就不讲了。不过你注意到了吗？三次自幂数是三位数，四次自幂数是四位数，五次自幂数是五位数。"爸爸希望妞妞能从计算里面观察出更多的规律。

"那是不是几次自幂数就是几位数呢？"妞妞问。

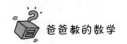

　　"爸爸现在也不知道，从单位自然数的次方值的位数上看，好像是这样，不过需要更加严格的证明，你能试试吗?"爸爸又向妞妞提出了挑战。

同学们都说有流星的时候要赶快许愿，因为流星是偶然经过的，只有一天到晚都放在心里的愿望才能在这电光火石的一瞬间许出来。这样的愿望，老天才有可能帮你实现。

三十二、狮子座流星雨

晚上，爸爸和妞妞游完泳回家。天上一轮明月，又大又圆，照得满地雪白，微风吹过，树叶沙沙作响，留下斑驳飘忽的疏影。

"爸爸，为什么月亮不会掉下来呢？"妞妞有些坏坏地笑着。

"这是因为月亮以相当高的速度在围绕地球运动，地球把它往下吸引一点，它又往前冲了一点，所以总是保持在一个椭圆形的轨道上飞行。"

"是像飞机一样吗？"妞妞现在身高到了一米六三，越来越像个大姑娘了，思想也越来越成熟，有时还会指出爸爸的错误。"就这样，往前飞。"妞妞张开双臂模仿着，像飞机一样飞翔。

"不完全一样，飞机是靠机翼的上下气压差来提供升力的，是靠尾部喷气产生的反冲力向前飞行的。"

爸爸想了想说："月亮和地球的关系就像一根铁链拴着个链球，你记得奥运会上链球运动员的动作吗？"爸爸一边说，一边紧握两手，平臂伸出，同时两腿微蹲，做了一个旋转的动作。

"链球在运动的时候，需要运动员用很大的力气拉住铁链，而且旋转越快，拉力越大。"

"是啊，是啊。"妞妞紧接着说，"最后运动员一放手，链球就飞出去了，而且是直线飞出去的，不再是围着运动员转。"

"对，地球对月亮的万有引力就是这根铁链，只不过我们看不见。月亮在围绕地球转圈的时候，有巨大的离心力，就是要离开地球的力量，好像洗衣机高速旋转甩干水一样，但是物质之间的万有引力刚好和它要离开的力量相

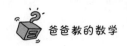
等，这样月亮就老老实实的围绕地球转圈了。"

"那彗星为什么会掉到地球上来呢？"

"彗星也不都是要掉到地球上来的。彗星核比较坚实，而彗星的尾巴非常大，据说是由尘埃和气体组成。当它的运行接近地球的时候，巨大的尾巴里面就会有一些东西被地球吸引到大气层中，形成美丽的流星雨。"爸爸说。

"真好玩儿，原来流星雨只是彗星的尾巴呀！狮子座的流星雨不是彗星啊？"妞妞仰望浩渺星空，"同学们都说有流星的时候要赶快许愿，因为流星是偶然经过的，只有一天到晚都放在心里的愿望才能在这电光火石的一瞬间许出来。这样的愿望，老天才有可能帮你实现。"

爸爸心想，孩子都有心思了。"太空中的尘埃颗粒闯入地球大气层，以每秒几十公里的速度与大气摩擦燃烧，产生大量光和热，就形成了流星。尘埃颗粒叫作流星体。零星来的流星只是宇宙中游走的物质被地球捕捉到形成的，但是流星雨基本都是由彗星形成的。"

"原来是这样。"妞妞点点头。

"就说最有名的狮子座流星雨，它产生的原因是由于存在一颗叫坦普尔·塔特尔的彗星，美国人坦普尔·塔特尔在 1833 年发现了这颗彗星的运行规律，所以用他的名字命名。坦普尔·塔特尔彗星的周期约为 33.18 年，所以狮子座流星雨的周期约为 33 年。之所以叫它狮子座流星雨，是因为流星是呈放射状从狮子座的位置发出来的。当然狮子座离我们那么远，流星并不真的是从狮子座来的。"

"去年这个彗星没有到地球，那为什么去年年底的时候我们也看到了狮子座的流星雨呢？"

"每年 11 月 14 日至 21 日，尤其是 11 月 17 日左右，地球都要通过坦普尔·塔特尔彗星的轨迹，也就是它走过的道路。刚才说了彗星是很松散的星体，所以一边走一边在洒落东西。地球经过时，就会有许多遗留在轨迹上的物质被地球捕捉到，就形成了流星雨。不过大的流星雨还是每 33 年来一次，非常壮观。估计在 2033 年左右的某一天，我们能看到每小时上百颗甚至上千颗流星划过天空。"

"我们地球绕太阳一圈是一年，彗星要 33 年才回来一次啊！"

"是啊，你要知道最著名的哈雷彗星要 76 年才回来一次。"爸爸和姐姐回到家里，坐在客厅的沙发上。妈妈给倒上了两杯茶，两个人悠闲地喝着茶。

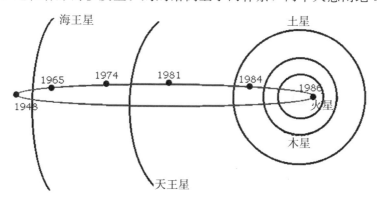

哈雷彗星轨迹图——1986 年哈雷彗星光临地球

爸爸说："你可想知道太阳系其他行星围绕太阳一圈的时间？"

"当然想！"姐姐眼睛里放出期望的光芒。

爸爸到书房里拿来了一本书，然后在一张白纸上写下了这样的一张表。

提丢斯-波得定理（Titius – Bode law），$a = 0.4 + 0.3 \times k$，$k = 0$，1，2，4，8，16，32，64。

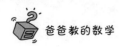

十二行星/矮行星与太阳的距离

计算（单位 AU）	实测轨道 半长轴（au）	公转周期
0.4＋0.3×(0)＝0.4	水星 0.39	水星 0.241 地球年
0.4＋0.3×(1)＝0.7	金星 0.72	金星 0.615 地球年
0.4＋0.3×(2)＝1.0	地球 1.00	地球 1.00 地球年
0.4＋0.3×(4)＝1.6	火星 1.5	火星 1.88 地球年
0.4＋0.3×(8)＝2.8	谷神星 2.77	（原行星于 60 万年前爆炸 分裂？）
0.4＋0.3×(16)＝5.2	木星 5.2	木星 11.86 地球年
0.4＋0.3×(32)＝10.0	土星 9.5	土星 29.46 地球年
0.4＋0.3×(64)＝19.6	天王星 19.2	天王星 84.01 地球年
0.4＋0.3×(32)＋19.6＝10＋19.6＝29.6	海王星 30.1	海王星 164.8 地球年
0.4＋0.3×(16)＋29.6＝5.2＋29.6＝34.8	（缺）	
0.4＋0.3×(8)＋34.8＝2.8＋34.8＝37.6	（缺）	
0.4＋0.3×(4)＋37.6＝1.6＋37.6＝39.2	冥王星 39.5	冥王星 247.7 地球年
0.4＋0.3×(2)＋39.2＝1.0＋39.2＝40.2	（缺）	
0.4＋0.3×(1)＋40.2＝0.7＋40.2＝40.9	妊神星	妊神星 285 个地球年
0.4＋0.3×(0)＋40.9＝0.4＋40.9＝41.3	鸟神星（与妊神 星相近）	

　　"这是我们太阳系所有行星和矮行星离太阳的距离和他们绕太阳一周需要的时间。1 天文单位（AU）＝149 600 000 千米代表太阳到地球的平均距离，要知道 1 光年也就是光线一年走的距离约是 $9.460\,730\,5×10^{15}$ 米大约相当于 63 240.2 个天文单位。"爸爸等了一会儿，让妞妞仔细看了看这张表。

　　"他们的顺序是水星（Mercury）、金星（Venus）、地球（Earth）、火星（Mars）、谷神星（Ceres）、木星（Jupiter）、土星（Saturn）、天王星（Uranus）、海王星（Neptune）、冥王星（Pluto）。不过冥王星、谷神星因为太小，不被算作太阳的行星，而被称为矮行星。这件事让许多天文学爱好者很伤心，因为人们一直都是认为冥王星是太阳的第九颗行星。"

　　妞妞倒觉得无所谓，少一个不是更简单一点吗？妞妞心里说，还更好记住呢！

　　"科学家后来又发现了许多的矮行星，比如，阋神星的直径大概二千三百千米。而阋神星距离太阳大约 97 个天文单位，绕行太阳一周，得花五百六十年。

目前被确认的矮行星有五个：谷神星(Ceres)、冥王星(Pluto)、阋神星(Eris)、鸟神星(Makemake)、妊神星(Haumea)。"

"阋神星上过一年要地球的 560 年啊！真是天上一天，地上一年啦！"妞妞说完又觉得说得不太对，"地球一天，它们一年啊！"说完轻轻地笑了起来。

爸爸也觉得很好玩儿，接着说："告诉你一个秘诀，要记住八大行星的名字，你只需要记住这句话就行了——My Very Excellent Mother Just Sent Us Nine Pizzas!（我的好妈妈刚刚为我们送来了九块比萨饼!），前八个单词每一个单词的开头字母就是八大行星的开头字母。这样就可以轻松记住八大行星还有它们的顺序啦!"

"这个办法真好！我喜欢吃比萨！我就是记不住这些星球名称的英文，太好玩了！就像山巅一寺一壶酒一样。"妞妞高兴的直拍手。"爸爸，这个提丢斯-波得定理是什么东西呀?"

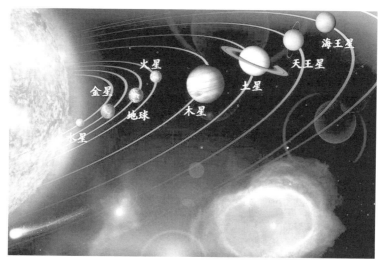

"十八世纪，德国的一位中学数学教师提丢斯(Johann Daneil Titius)是位天文爱好者。他对行星与太阳距离的分布规律进行了研究，发现各个行星与太阳之间的平均距离遵循一定的规律。

"当时的柏林天文台台长波得(Johann Elere Bode)更加仔细地研究了这个问题，并把它归纳成了一个经验公式，这规律被称为'提丢斯-波得定理'。

"这个定律就是 $A = 0.4 + 0.3 \times k$，其中 $k = 0$，1，2，4，8，16，32，64，

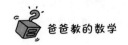

也有写成 $A=0.4+0.3\times2^{k-2}$，$k=1$，2，3…，对金星后项取 0 值。其中 A 代表行星到太阳的距离，K 代表行星从太阳往外的排序。单位是地球到太阳之间的距离——天文单位。"

妞妞听得很认真，手里端着杯子却忘了喝茶，两眼盯着爸爸看。

"当时所有发现的太阳行星均可用这个公式验证，但是有两个严重的问题，一是无法解释这个规律背后的原因，再就是在火星和木星之间明显缺少一颗行星。后者这是个更加直接的问题，困扰了天文学家很长时间。许多人花了许多的时间观察寻找，均未有收获。

"直到十八世纪后期，英国天文学家威廉·赫歇耳发现了天王星。它与太阳的平均距离又符合'提丢斯-波得定理'！受到极大地鼓舞的这个神秘定理的支持者们，又充满信心地去寻找丢失的行星。

"1801 年 1 月 1 日夜晚，一位名叫皮亚齐(Giuseppe Piazzi)的意大利天文学家无意中发现了一颗有微弱光芒的小行星。波得在接到皮亚齐报告后，断定这就是那颗迷失的行星。

"根据皮亚奇的观测数据，当时年轻的数学家高斯(Carl Friedrich Gauss)计算出了这颗新天体的轨道。它正好位于火星与木星之间，与太阳的平均距离约为 2.8 个天文单位，与'提丢斯-波得定理'计算出来的几乎完全吻合。这颗新发现的行星被命名为'谷神星'。

"人们以为事情就此结束，不想以后大约一年多，人们又在火星与木星轨道之间发现了第二颗小行星——'智神星'。它与太阳的平均距离和公转周期几乎和谷神星相同。

"接着又相继找到了第三颗小行星'婚神星'，第四颗小行星——'灶神星'，等等。人们这才意识到，在火星与木星的轨道之间，并不是像九大行星那样只存在一颗大行星，而是有一个小行星带。

"在这个小行星带中，存在着数以万计、大小不一的小行星。'谷神星' (Ceres 1)、'智神星'(Pallas 2)、'婚神星'(Juno 3)和'灶神星'(Vesta 4)是小行星带中最大的四颗，被称为'四大金刚'。'四大金刚'中最大的谷神星直径约为 1 000 千米，最小的婚神星直径约为 200 多千米。"

"怎么会是这样呢？难道是一颗破碎的行星？"妞妞说出来就觉得好笑了，她想起一首歌《破碎的心》，歌里唱道："爱的心已破碎，碎得面目全非，感觉一切已毁,碎得不再完美。"

　　爸爸不知道妞妞心里在想什么,继续说:"天文学家估计小行星带上小行星的数目有近 50 万颗,我们确实不知道这到底是为什么。可能是一个大行星不知什么原因自我爆炸了,也可能是由于星球之间碰撞造成的。还有人认为我们的行星都是由这样的物质带上的物质慢慢聚集形成的,目前的小行星带不过是由于各种原因中途'流产'了,未能'发育'完全而已。"

　　"哦,那么这个规律背后的原因是什么呢?"

　　"我们在讨论原子时曾提到过,电子围绕原子核运动是依能量不同而分层的,并不是电子想在哪里就在哪里。宇宙中的行星分布也有规律,那么背后的理由会不会是一样的呢?"爸爸目光炯炯地看着妞妞。

　　"过去的科学家想不出为什么,于是就认为这是上帝的安排。你可知道牛顿在发明万有引力等先进科学理论之后,也变得潜心宗教,因为他知道世界是这样,却无法解释为什么会这样,只有相信有上帝的第一推动力才形成了我们这个和谐的世界。

　　"现代的科学家相信所有这一切规律背后的科学理论是可以统一的。科学家们把宇宙中的力分为四类——引力、电磁力、强核力和弱核力,以一种统一的力场理论来解释从微观粒子到无边宇宙的所有这些规律。以后你如果有机会或许会学到,不过你得先把数学学好才行噢!"

　　妞妞似懂非懂。爸爸拉着妞妞到阳台上,晚风吹过,有些凉意,阳台外

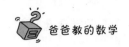

面非常安静。就在这个时候，东南天空出现了一个非常短小的流星，悄无声息，一闪即逝，却又异常绚丽。

"爸爸，那个流星好像是红的耶！"妞妞手指远方，声音里透出许多的兴奋。

"刚才的红色流星说明它含有比较多的铁。你应该注意到火焰的颜色并不都是一样的，比如，煤气火苗是蓝色的，蜡烛的火苗带黄色，对吧？"

爸爸看着妞妞，"这是因为不一样的东西燃烧会产生不一样颜色的火焰，而同一种物质燃烧时，火焰中心和边缘颜色上的差异则反映了温度的高低。科学家发现钠燃烧发出的光为黄色、铁为黄红色、铜是绿色、钙为紫色、硅是红色，等等。流星的颜色就是流星体的化学成分燃烧及反应温度的体现。"

"看看颜色就能知道是什么呀？"妞妞觉得很惊奇。

"是呀，科学家通过分析远处星球发出的可见光和不可见的电磁波，可以比较准确地知道它是由什么物质构成的。这叫作光谱化学。"

"爸爸，月亮围绕地球转，地球、金星还有好些行星都围绕太阳转动，太阳又围绕银河中心旋转，银河系又是许多星系中的一个，也在旋转。它们彼此之间可以这样稳定转动，是不是在一个更大的空间中必须有什么支撑着它们呢？宇宙最初是怎么来的呢？这样的旋转又是从哪里来的呢？"妞妞看上去非常困惑。

"妞妞问的问题确实是非常好的问题。现在的科学一般认为我们的宇宙是从一个大爆炸开始的，因为我们观察到的所有外星系星球都在离我们远去。反过来说，时光倒流，我们宇宙中的万物应该是聚合在一个点上的。而飞离开的物质团，一旦被万有引力抓住，做圆周运动是最稳定的状态。"

爸爸觉得这似乎是一个难以对妞妞解释得更明白的理论，"不过爆炸理论这也只是宇宙起源理论之一。我不是告诉过你吗？或许我们的宇宙只是巨人们放的一个爆竹，而这个世界有无数个爆竹已经燃放，还有无数个即将燃放。"

"那别的星球上有人吗？"

"太阳系中看来是只有地球上有生命了。科学家通过观察恒星的移动规律，已经发现了许多恒星有自己的行星，比如，半人马座星系。但是由于离我们太远，无法知晓它们中是否有生命存在。不过可以肯定的是如果宇宙中存在智慧生物，他们离我们应该至少有超过几个光年的距离。"

"如果别的星球上有人的话，或许他们也在这样想我们。"

"或许他们会穿越时空，已经乘坐飞碟来到了地球，正在观察我们呢！"

远处又有一颗流星划过。

爸爸，我明天会给你写一封密码信，看你能不能够破译，怎么样？

三十三、密码

姐姐小学刚开始学习英语的时候，总会自己创造一些稀奇古怪的词汇。爸爸管这些叫"恐龙语"，因为有些像她的电动小恐龙的嘶叫。这种稀奇古怪的语言只有爸爸听得懂，所以这也就成了爸爸和姐姐之间说秘密的专用语言了。不过其实爸爸和姐姐根本就不知道自己在说什么，或者是听到的是什么，只是根据表情和手势来理解要表达的东西。

今天的趣味数学话题爸爸决定给姐姐讲讲密码的数学学问。

"姐姐，你知道什么是密码吗？"爸爸问。

"密码就是用别人不知道的词语代替别人知道的，这样的话就只有两个人能听得懂，也就保密了。这太简单了。"姐姐一边想一边回答说。"狗语对于猫来说，就是密码；猫语对于狗来说，也是密码。不过我觉得猫可能能听懂老鼠的话。"

爸爸听了哈哈大笑，"为什么猫能听懂老鼠的话呢？"

"现在谁不学几门外语呀？"姐姐顽皮地眨着眼睛，"老鼠的话都听不懂，怎么抓老鼠啊？"

爸爸笑得更厉害了，"姐姐说得太好玩了！其实密码是一门非常复杂的学科，涉及大量的数学知识，比如数论、概率与统计、代数与抽象代数，等等。爸爸还是先给姐姐讲一个密码的故事吧！"一听说有故事，姐姐的眼睛就发亮。

"20世纪三四十年代发生的第二次世界大战，是反法西斯国家包括美国、苏联、中国、英国、法国等对阵德国、意大利、日本组成的轴心国。世界大战是人类历史上的巨大悲剧，造成了数以万计的人死亡。战争期间，隐藏在英国的德国纳粹特工非常厉害。他们刺探盟军机密军事情报后，会将这些情报用各种方式传递给他们隐藏在中立国的负责人，由他们通过秘密电台发回德国。

"他们传递情报的手段千奇百怪，比如，可以写出肉眼看不见的字的隐形墨水、乐谱活页夹层、加厚明信片中间极薄的纸片、写成国际象棋棋谱的情报，普通信函中利用每一个单词的第一个字母组成情报，等等。

"有一次，盟军的检查员截获了一张服装设计图纸，非常怀疑里面藏有机密情报，可是又无论如何都找不到情报在哪里。

"这张设计草图上有 3 位年轻美丽的模特，她们穿着时髦的服装。表面上看起来，设计草图很正常，一点问题都没有，也没有夹层，没有特别的文字。然而就是这张看似"清白"的图纸，包含着重大的军事情报。

"当时的英国情报机构，就是后来的'007 詹姆斯·邦德'所在的机构中一位经验丰富的特工发现了端倪。三位模特衣服上的长短条纹，联系起来看似乎就是某种密码。英国安全局迅速破译了这些密码。

"'大批敌方援军随时可能到来'，从这张设计图纸上，密码破译员们读出了这样的信息。原来纳粹特工利用莫尔斯电码的点和长横等符号作为密码，把这些密码做成装饰图案，藏在图上诸如模特的长裙、外套和帽子等图案中。"

"莫尔斯电码是什么呀？"妞妞问道，心里非常惊讶特工隐藏文件的方式，自己连钱包还会丢，太不好意思了。

"就是美国人莫尔斯发明的一种普遍使用的电报编码方法。这个方法由点（·）、划（–）两种符号组成。其中点为基本信号单位，每一划的时间长度相当于 3 点。在一个字母或数字内，各点、各划之间的间隔应为两个点的长度。字母（数字）与字母（数字）之间的间隔为 7 个点的长度。

"代表每个字母的莫尔斯电码是这样的。"爸爸在纸上写下如下的文字：

A·–   B–···   C–·–·   D–··   E·   F··–·   G––·   H····
I··   J·–––   K–·–   L·–··   M––   N–·   O–––   P·––·
Q––·–   R·–·   S···   T–   U··–   V···–   W·––   X–··–
Y–·––   Z––··   1·––––   2··–––   3···––   4····–   5·····
6–····   7––···   8–––··   9––––·   0–––––   ?··––··
/–··–·   ( )–·––·–

"实际上我们可以使用除无线电之外的许多方法传递莫尔斯电码，比如灯

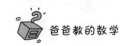

泡、手电的开关，手动拍击物体，画上线条的长短，等等，而且它简单易记，所以特别受欢迎，以至于连今天的间谍都还在使用。"

"这是什么东西呀？看上去好古怪！可是要是谁都知道的不就不是密码了吗？"妞妞开始反问。

"对，确实如此。狗不知道猫语的时候，猫语对狗而言就是密码。猫懂了老鼠语，老鼠语对猫就不是密码了。"爸爸想起来妞妞的顽皮，不觉嘴角又翘起来了。

"不过要说密码就得先说编码，莫尔斯电码是一种公开的英文字母编码。我们汉字也有自己的编码。早的时候长途电话不普及，远距离的通信就会用到无线电报。

"发电报的时候，先把需要发送的文字写好，按每个汉字多少钱一起交给电报员。电报员先在一个电码本上查找每一个字相应的四位码，变成一段全是数码的文字，再通过无线电发出去。收到的地方再根据同样的一本电码本，反找出相应的文字，写在电报纸上，送到指定接收的人手里。"

"这么麻烦！发条短信不就好了吗？我去年春节的时候还给湖南姑姑发了短信呢！"妞妞觉得那时候的人太可怜了。

爸爸听了妞妞的回答觉得很有趣，确实对她们而言通信落后是难以理解的。"妞妞说的对，短信和电报非常相像，原理是一样的，只不过短信的编码和解码的工作不再由人工来做，而是由我们手机里面的程序自动来做。"

"哦，汉字的电码是什么样的呢？"妞妞还是好奇地问。

"比如，爸爸的名字谢永红，电码分别是 6200 3057 4767，每个四位的数字代表一个汉字。"爸爸心里想要不是美国使馆签证要这几个电报码，恐怕爸爸找到电报码的例子是不太可能的。现在哪里还有电报业务呀？"如果我们先把汉字变成汉语拼音，然后再编码，那和英文字母的编码就更加相像了。"

"四位数字可以代表 1 万个汉字！"妞妞的反应总是很快。

"妞妞算得很对，电报一般都简短，因为是按字收费的。爸爸记得每个字收一角四分钱，一个十个字的电报就要一块多钱，对于当时的普通人月收入才 36 元来说是很昂贵的，所以一般不会有复杂的文字。常见的电报样式是'母病速归'这类的。

"电报码并不是密码，因为我们可以很容易就获得编码本，而且它本身也是作为民用的公开标准码。我们说的密码是秘密的编码方式，只有说的人和他愿意让听的人知道这个秘密。"

"就像我们的'恐龙语'吗?"妞妞的眼睛里放出亮光。

"对呀! 这种密码是最基本的密码，因为同样的字对应的密码是一样的，人们根据字出现的频率就能倒过来推断出这个密码代表的到底是什么字。"

"这又怎么推断呢?"妞妞嘟嘟嚷嚷地说，不是太明白。

"这样吧，我们还是以英语的 26 个字母为例好不好，中文文字的原理是一样的，不过更加复杂。"爸爸希望能把问题说得简单明了一些。

"因为自然英语语言中每一个字母出现的概率不是一样的，甚至相差很大。比如，e 是英语中最常用的字母，其出现频率为八分之一。在密码中他们出现的频率与我们日常语言中出现的频率是完全一致的，所以我们完全可以肯定密码中出现最多的一定是代表 e。

字母频率

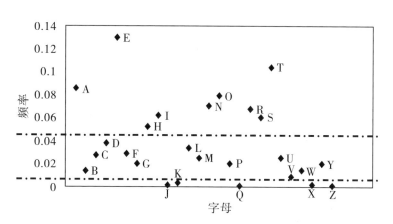

"如果密码破译者能根据频率数破译出 9 个最常用的字母 e，t，a，o，n，i，r，s 和 h，他就可解密 70% 的密码。这是最古老的破密手段，但到今天依旧是许多破密系统的基础。"爸爸看着妞妞，希望妞妞不至于被搞糊涂。

妞妞不说话，静静地听爸爸讲话。"根据这个道理，我们还可以分析英文单词和单词中的字母组合，从它们出现的频率来推断密码的原文。

"例如，据统计英语一半以上的单词是以 t，a，o，s 或 w 开头的，仅 10 个单词(the，of，and，to，a，in，that，it，is 和 I)就占标准英语文章四分之一以上的篇幅，我们可以按相应的出现频率解密相应的单词。同时英语中相

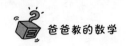

连出现的两个字母 th，he，in，er，an，re，ed，on，es，st，en，at，to，nt，ha，nd，ou，ea，ng，as，or，ti，is，et，it，ar 等，以及三字母 the，ing，and，her，ent 等都可以进行相应的频率分析。"

"中文密码就是分析中文字和词的频率，对吗？"妞妞看来是理解了。

"对，不过中文的字太多，说起来很麻烦，它和英文字母与单词的原理是完全一样的。不过我们的中文文字频率表要厚得多。"

"爸爸，我明天会给你写一封密码信，看你能不能够破译，怎么样？"妞妞总是希望能让爸爸为难，不过这个愿望到现在为止还没有实现过。

"好，爸爸一定努力破译！"

这些充当通信联络人的纳瓦霍人，就是一部加密机和解密机，他们的语言就是敌人无法理解的密码系统。一般每一位纳瓦霍人都会有一个战士专门保护。一旦有可能被俘虏，这位战士还需要马上杀死纳瓦霍人，以免敌人获得"密码"。

三十四、风语者

第二天姐姐放学回家就把自己的房门关紧，谁也不让进，不知道在干什么。等爸爸回到家，姐姐面容严肃地交给爸爸一封粉红色的信，一言不发转身回到自己的房间。

爸爸有些发愣，马上想到这可能是姐姐的密码题，爸爸放下公文包，开始琢磨这个小丫头的密码会是什么。

信封是姐姐过生日时收到的装贺卡的信封，上面写着"爸爸收"三个字，爸爸仔细地打开信封，一张姐姐的作文纸上写着一长串的数字：

01004 01004

44912 54403 28007 43809 23508 47716 03011 55514 50610 28201

50610 55804 05807 01004 01004 65205 09002 18210 42101 11313

20505 33403

爸爸一看就傻眼了，五位码是什么意思呢？左想右想也没有头绪。照爸爸的直觉，最前面的两个字应该是信的抬头"爸爸"，最后面的两个字应该是'姐姐'落款，可是后面的两个字的码却不是一样的，奇怪！难道是姐姐自己又给自己取了一个名字？

正文里面也有和抬头一样的码，01004 01004 先假设这就是爸爸两个字。还注意到50610也出现了两次，估计这个字应该是"我"，因为这个字在她这个年纪孩子的作文中间出现的频率最高，可是也就到此为止了，其他的码一点思考的线索都没有了。

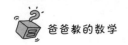

看来自己是没有办法想出来了，爸爸心里奇怪，这个小丫头能设计出什么样的密码？对，这才是应该的思考方式。刚好这个时候妞妞问："爸爸，这个字是什么字呀？"

爸爸来到妞妞的桌子旁，原来是一个"霰"字，爸爸过去一直把这个字念成 sǎn，不过知道自己可能不对，"爸爸还真不认识，你的字典呢？为什么不查查字典？"小孩有些时候会偷懒，这次好像也是这样。

妞妞的脸上好像有点怪怪的神情，"字典，嗯嗯，在奶奶家里。"

"那好，用大字典吧！"爸爸把妞妞的《新华大字典》递给妞妞。原来这个字念 xiàn，小冰粒的意思。

爸爸回头要到自己的书房继续苦思，突然灵光一闪，会不会是字典的页码和字的顺序？如果是，那么肯定用的是她自己的那本商务印书馆出版的《新华字典》(第十版)，而不是这本大字典。好个鬼灵的小丫头！难怪说起字典时那么不自然！

奶奶家也就是五分钟远，找到小字典一查，果然如此！五位数字的前三位是正文页码，后两位是字在该页的顺序。小丫头把密信写好之后，再把字典藏到奶奶家里，毕竟还是孩子！信的内容是这样的：

"爸爸

数学老师今天表扬我了

我要吃爸爸做的黑三剁

机密。"

"黑三剁"是我根据云南贵州一带的"黑三剁"创作的一道菜，用黑木耳、黄花菜、肉末、青蒜，全部剁成细末，炒在一起，妞妞非常喜欢吃。已经有一段时间不做了，看来爸爸今天要下厨了。

吃晚饭的时候，爸爸端出一盘诱人的"黑三剁"，同时把破译的信交给妞妞。看到"黑三剁"的时候妞妞就在笑，看完爸爸的解密信妞妞更是乐不可支。"爸爸你是如何想出来的呀？"

"爸爸从你不给我看小字典想到的。不过爸爸认为你这个密码设计得非常好！"爸爸这是发自内心的赞赏。

"还不是被你破解了！"妞妞开始埋头吃饭，"不过有黑三剁吃，还是不错的！"

　　过了一会姐姐又说："有什么办法可以不让别人解密呢?"姐姐真希望能有一种超级的密码，既好用别人又永远都不会解密。爸爸说："等吃完饭了再讲吧，现在吃饭第一。"

　　吃过饭，两人在小区散步。爸爸接着上回的话题说："收到的密码的词汇量越大，用频率分析法译密就越容易。第二次世界大战时，盟军最高统帅部常常一天就派发 200 万字以上的加密文字，被破密的可能性就极高。

　　"反过来说，如果每次通信都换用一种密码，那么这个密码就难以解开了，不过这样做的代价是麻烦。"

　　看到姐姐失望的样子，爸爸说："我们可以把对一个密码系统的了解分为三个层次，一是收到了许多加过密的密文；二是获得了部分密文和与之对照的明文，所谓明文就是没加密的原文；三是可以获得任何明文及对应的密文。

密钥字母

	A	B	C	D	E	F	G	H	I	J	K	L	M	N	O	P	Q	R	S	T	U	V	W	X	Y	Z
A	a	b	c	d	e	f	g	h	i	j	k	l	m	n	o	p	q	r	s	t	u	v	w	x	y	z
B	b	c	d	e	f	g	h	i	j	k	l	m	n	o	p	q	r	s	t	u	v	w	x	y	z	a
C	c	d	e	f	g	h	i	j	k	l	m	n	o	p	q	r	s	t	u	v	w	x	y	z	a	b
D	d	e	f	g	h	i	j	k	l	m	n	o	p	q	r	s	t	u	v	w	x	y	z	a	b	c
E	e	f	g	h	i	j	k	l	m	n	o	p	q	r	s	t	u	v	w	x	y	z	a	b	c	d
F	f	g	h	i	j	k	l	m	n	o	p	q	r	s	t	u	v	w	x	y	z	a	b	c	d	e
G	g	h	i	j	k	l	m	n	o	p	q	r	s	t	u	v	w	x	y	z	a	b	c	d	e	f
H	h	i	j	k	l	m	n	o	p	q	r	s	t	u	v	w	x	y	z	a	b	c	d	e	f	g
I	i	j	k	l	m	n	o	p	q	r	s	t	u	v	w	x	y	z	a	b	c	d	e	f	g	h
J	j	k	l	m	n	o	p	q	r	s	t	u	v	w	x	y	z	a	b	c	d	e	f	g	h	i
K	k	l	m	n	o	p	q	r	s	t	u	v	w	x	y	z	a	b	c	d	e	f	g	h	i	j
L	l	m	n	o	p	q	r	s	t	u	v	w	x	y	z	a	b	c	d	e	f	g	h	i	j	k
M	m	n	o	p	q	r	s	t	u	v	w	x	y	z	a	b	c	d	e	f	g	h	i	j	k	l
N	n	o	p	q	r	s	t	u	v	w	x	y	z	a	b	c	d	e	f	g	h	i	j	k	l	m
O	o	p	q	r	s	t	u	v	w	x	y	z	a	b	c	d	e	f	g	h	i	j	k	l	m	n
P	p	q	r	s	t	u	v	w	x	y	z	a	b	c	d	e	f	g	h	i	j	k	l	m	n	o
Q	q	r	s	t	u	v	w	x	y	z	a	b	c	d	e	f	g	h	i	j	k	l	m	n	o	p
R	r	s	t	u	v	w	x	y	z	a	b	c	d	e	f	g	h	i	j	k	l	m	n	o	p	q
S	s	t	u	v	w	x	y	z	a	b	c	d	e	f	g	h	i	j	k	l	m	n	o	p	q	r
T	t	u	v	w	x	y	z	a	b	c	d	e	f	g	h	i	j	k	l	m	n	o	p	q	r	s
U	u	v	w	x	y	z	a	b	c	d	e	f	g	h	i	j	k	l	m	n	o	p	q	r	s	t
V	v	w	x	y	z	a	b	c	d	e	f	g	h	i	j	k	l	m	n	o	p	q	r	s	t	u
W	w	x	y	z	a	b	c	d	e	f	g	h	i	j	k	l	m	n	o	p	q	r	s	t	u	v
X	x	y	z	a	b	c	d	e	f	g	h	i	j	k	l	m	n	o	p	q	r	s	t	u	v	w
Y	y	z	a	b	c	d	e	f	g	h	i	j	k	l	m	n	o	p	q	r	s	t	u	v	w	x
Z	z	a	b	c	d	e	f	g	h	i	j	k	l	m	n	o	p	q	r	s	t	u	v	w	x	y

（左侧竖排：明文字母）

Vigenere　方阵

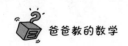

一个好的加密系统至少要保证在前两种情况下有效。而一个优秀的加密系统甚至可以保证在第三种情况下都继续有效。多字母体系密码可以让频率分析法失效，而构架在这个基础之上的更复杂的方法就可以保证在第三种情况下有效。"

爸爸接着说："在这种方案中，明文中每一个字母都可由每个密码符号来表示。实质上，它是用一个以上的密码字母来对某个特定的密码单位进行编密。看这个表格，表的上面是大写字母，即密钥字母，它们是用于发现表中的密码字母的。表的左边是明文字母，也就是我们需要加密的字母。"爸爸拿出早就准备好的一张密密麻麻的表格，上面还写着 Vigenere 方阵。

"太复杂了！"妞妞发出感叹，"它是如何使用的呢？"

"好，爸爸给你演示一下加密和解密。我在发给你信息之前，我们两个必须确定一个密钥，用来对文字加密和解密。例如，密钥词是 BIRD(鸟)，明文信息为 I NEED MORE APPLES(我要更多的苹果)。

"我们先把明文分为四个字符一组，这是因为我们的密钥是四位的。密钥越长，明文分组越长，破密也越难。然后我们根据这个加密表来加密。

"密钥：BIRD BIRD BIRD BIR。

"明文：I NEED MORE APPLES。

"第一个明文字母是 I，密钥字母 B，在表的第一列上找到 I，第一行上找到 B，交叉点上的字母是 j 这就是我们加密后的电码的第一个字符。第二个字符在第一列字母 N 和第一行字母 I 的交叉点上是 V，如此下去。

"完整的密码文为：JVVH EUGU FIGS MMJ。

"这样每个明文字母都有相应的密钥词字母编密，同样的字母加密之后不会是同样的，而密文中相同的字母也不意味着明文中一样。频率分析的办法失效了！"

"还真不错！那要是解密怎么办呢？"妞妞也很高兴。

"就是根据密钥来反着查表，比如第一个字符就是在密钥字母 B 列中找到 J，对应找到明文列中的 I。如果我们两个人先约好每个通信的密钥，别人要破秘就相当困难了。"爸爸很轻松地说。

"这个密码是不是就没有办法被破解了？"

"凡是都没有绝对的，尤其是在计算机发展迅猛的现在。19 世纪 60 年代，一位德国人弗里德里希·W.卡希斯卡发现了这个办法几个内在的弱点。

"例如，他发现，如果对一个不止一次出现的明码字母每次都用同样的密钥字母进行加密，那么就会出现同样的密码文。例如，明文 SEND MORE MONEY 用 LOVE 作密钥加密，密钥字母 LO 两次把明文 MO 加密成 XC。

"密钥：LOVE LOVE LOVE L。

"明文：SEND MORE MONE Y。

"密码文：DSIH XCMI XCII J。

"重复的密码文 XC 表明了密钥词的长度。一般来说，在重复文字中从一例到另一例之间的密码文字母数是密钥词字母的倍数。如果密码文数位经常重复的话，密码分析家就能计算出密钥词的长度，并因此计算出所运用的密码字母表的数目。这样，要知道哪个密码文字母来自哪个密码字母系列就只是一个分类问题了。而就每个密码字母系列来说，频率分析法将解出明文字母。"

"太复杂了，我听不太懂了。"妞妞开始皱眉头，不过她已经明白加密解密都不是件容易的事。

爸爸微笑，"最近使用很多的是公开密钥密码体系，克服了网络信息系统密钥管理的困难，同时解决了数字签名问题，它是当前研究的热点。不过这个问题比较复杂，爸爸就不讲了，留着给你长大之后再学习。那好，爸爸最后给妞妞讲一个故事吧!"妞妞一听有故事，又来了情绪。

"有一部电影叫《风语者》，有时间我们可以一起看一看碟。故事说的是第二次世界大战的时候，为了保证通信的安全，美军在研究了许多土著语言的基础上，选定了纳瓦霍语为战场通信语言。

"语言学家说纳瓦霍语极为难学，因为其字义取决于发音中的微妙变化，在该部落之外只有 28 人能听懂这种语言，而该部落中无人同敌方有任何联系。而且，不存在纳瓦霍语教科书；只能从土著人那儿学到这种语言，所有讲这种语言的土著人全在美国境内。再有纳瓦霍人口总共有 5 万多，其中有许多身强力壮的人已经被征召入伍。

"在战争临近结束时，一批纳瓦霍士兵参加了对日本冲绳岛的攻击。当时日本举国上下都要'玉粹'，就是要以死抗击，连小孩和妇女都动员起来准备打仗。在冲绳的日军更是凭借有利地形，拼命抵抗。战争进行得非常惨烈。

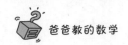
纳瓦霍士兵总是冲在最前面，因为他们需要充当侦查尖兵，用纳瓦霍语通过无线电指挥炮击方位，调动队伍行动。

"这些对话日本军队能够听得很清晰，但是却无法明白对手在说什么。这些充当通信联络人的纳瓦霍人，就是一部加密机和解密机，他们的语言就是敌人无法理解的密码系统。一般每一个纳瓦霍人都会有一个战士专门保护。一旦有可能被俘虏，这位战士还需要马上杀死纳瓦霍人，以免敌人获得'密码'。"

"他们都死了吗?"妞妞总是同情弱者。

"没有，但是经过这场战争之后，他们更加明白，也更加珍惜战友的情谊。"

"这确实是一个非常有效的密码，日本人基本上不可能破解的。"

"在二十世纪七八十年代中国和越南也有一场战争，当时解放军也使用了类似的方法。你知道许多越南人都懂汉语，甚至在中国的大学里学习过，但是他们不可能懂地方话，而有的地方话是非常复杂、非常难懂的。

"据说解放军在无线通信中就采用温州兵对温州兵、长沙兵对长沙兵，用地方话对讲的方式保密。这样的话，就算是越南人听到了，也不明白。"

"嘿嘿，这种密语就是中国人恐怕听得懂的也不多!"妞妞也在咧着嘴笑，"不过我总会发明一种爸爸解不开的密码来的!"

三十五、孙子点兵

　　妞妞很聪明，许多难题妞妞不但会解，有时候还能提出出乎爸爸意料的解法，可平时作业总是犯一些小的错误，这让爸爸和妞妞都很沮丧。每次爸爸提醒之后，妞妞又能很快找到错误之处，其实这还是粗心大意产生的毛病。

　　这一天妞妞写完数学作业，交给爸爸检查，爸爸又发现了两处非常明显的错误，爸爸有点恼火，对妞妞说："15＋8 怎么成了 33 呢？两个分数的差，为什么需要用 1 来减它们的和呢？"

　　妞妞讪讪地，低着头不说话。"拿回去自己改正吧！希望以后做完题之后，自己检查验算一下。爸爸的检查并不是必需的，如果你的题自己不检查，爸爸也不再给你检查了。"

　　很快妞妞的更正完成了，还不错，全对了。"爸爸知道妞妞的作业有些多，但是越是这个时候越需要我们的心静下来。如果只图快，反而会误事的。"爸爸的话语重心长。

　　妞妞点点头。爸爸接着说："我们今天的趣味数学要讲一个古老的数学题'有物不知其数'。这个题有多老呢？它最早出现在公元四世纪的数学著作《孙子算经》里面，也就是大约一千六百多年以前。"

　　"哦，这么久呀！"妞妞的声调里露出许多的惊讶。

　　"那个时候我们的古人在数论方面的成就是世界领先的，这种领先地位直到十八、十九世纪才被大数学家欧拉（1707—1783）和高斯（1777—1855）超过。今天我们就来讲讲数论中的一个问题。问题不难，你准能听懂。"

　　数学家们解决的问题自己也能听懂？妞妞来了精神，两只眼睛亮亮地看

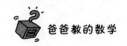

着爸爸。

"题目是这样的。'有物不知其数，三个一数余二，五个一数余三，七个一数又余二，问该物总数几何?'意思是说有一样东西，不知道有多少个，三个三个来数，余二个;五个五个来数，余三个;七个七个来数，余二个。问它有多少个?"

妞妞听完后思考了一会儿，说道:"这个问题我会做。"说着在纸上写下了下面的运算过程:

3 的倍数多 2 可以是:2，5，8，11，14，17，20，23，26，29，32，35。

5 的倍数多 3 可以是:3，8，13，18，23，28，33，38，43，48。

7 的倍数多 2 可以是:2，9，16，23，30，37，44，51，58，65。

"注意到它们有共同的值 23，所以 23 是满足这三个条件的最小的答案。"妞妞对爸爸说。

"非常正确。这种问题在数学上叫不定方程组，所谓不定方程组就是未知数多于方程数，有无穷多个解的方程组。

"比如，像刚才这个问题，我们可以设这个数字是 N，这个方程组就是 $N = 3 \times N_1 + 2, N = 5 \times N_2 + 3, N = 7 \times N_3 + 2$，其中 N_1，N_2，N_3 都是整数。这个方程组有四个未知数，只有三个方程，有无数组解。比如，23、128、233 都可以满足问题的要求，不信妞妞可以试一试。"

妞妞用 233 分别除以 3，5，7，结果确实就像爸爸说的。"还有什么样的数字可以满足这个问题的要求呢?"

爸爸笑着说:"我们古人对这一个问题的研究直接就形成了现代数论中的剩余定理。古人有一首诗《孙子歌》就是说的对这个问题的解答。

"'三人同行七十稀，

五树梅花廿一枝，

七子团圆正半月，

除百零五便得知。'

"把数字藏在诗歌里面，'七十稀''廿一枝'和'正半月'，就是暗指三个关键的数字 70，21，15。

"三三数之，取数七十，与余数二相乘;

五五数之，取数二十一，与余数三相乘;

七七数之，取数十五，与余数二相乘。

"将诸乘积相加，然后减去一百零五的倍数。能减多少个 105 就减多少个，这样就能获得最小解。列成算式就是：$N=70\times2+21\times3+15\times2-2\times105=23$。换句话说，23 之后每隔 105 就有一个解。"

"哦，这是因为 105 是 3、5、7 的最小公倍数吧！"妞妞的理解能力确实在加强。

"对！余数其实还是可以变动的，《孙子算经》也说到只要把上面算法中的余数分别换成新的余数就行了。以 R_1、R_2、R_3 表示这些余数，那么《孙子算经》给出了通用的公式：

$N=70\times R_1+21\times R_2+15\times R_3-P\times105(N，P$ 是整数$)$。

"妞妞可以任意去试，绝不会有错。只是我们谁都会问这三个关键性的数字又是如何来的呢？这个标准公式又是如何获得的呢？"

妞妞听得很认真，一言不发地点点头，聚精会神地看着爸爸。爸爸在纸上写下如下的算式：

$70=2\times\dfrac{3\times5\times7}{3}$，这个数字除 3 余 1；

$21=1\times\dfrac{3\times5\times7}{5}$，这个数字除 5 余 1；

$15=1\times\dfrac{3\times5\times7}{7}$，这个数字除 7 余 1。

"也就是说，这三个数可以从最小公倍数 $M=3\times5\times7=105$ 中各约去模数 3、5、7 后，再分别乘以整数 2、1、1 而得到。假令 $k_1=2$，$k_2=1$，$k_3=1$，那么整数 $k_i(i=1，2，3)$ 的选取使所得到的三个数 70、21、15 被相应模数除的时候余数都是 1。由此出发，立即可以推出，在余数是 R_1、R_2、R_3 的情况。"爸爸接着写道：

$R_1\times k_1\times\dfrac{M}{3}=R_1\times2\times\dfrac{3\times5\times7}{3}=70\times R_1$，被 3 除余数是 R_1，同时可以被 5 和 7 整除。

$R_2\times k_2\times\dfrac{M}{5}=R_2\times1\times\dfrac{3\times5\times7}{5}=21\times R_2$，被 5 除余数是 R_2，同时可以被 3 和 7 整除。

$R_3\times k_3\times\dfrac{M}{7}=R_3\times1\times\dfrac{3\times5\times7}{7}=15\times R_3$，被 7 除余数是 R_3，同时可以被

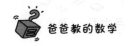
3 和 5 整除。

"所以 $R_1 \times k_1 \times \dfrac{M}{3} + R_2 \times k_2 \times \dfrac{M}{5} + R_3 \times k_3 \times \dfrac{M}{7} = 70 \times R_1 + 21 \times R_2 + 15 \times R_3$ 必定可以满足除 3，5，7 分别余 R_1，R_2，R_3。对不对？"

"对呀！好奇妙耶！这就像是设计出来的！"妞妞拍了好几下手，兴奋得直想跳。

"这个数字不能保证它是最小的解，所以就需要减掉它们的公倍数 105，能减多少个就减多少个，直到结果比公倍数小为止。$70 \times R_1 + 21 \times R_2 + 15 \times R_3 - P \times 105$ 这就是这个解的构造过程。"

"这就是剩余定理吗？"妞妞问道。

"这还只是剩余定理的一个简本。假设有一数 N，分别被两两互素的几个数 a_1，a_2，…，a_n 相除，得余数 R_1，R_2，…，R_n。设 $M = a_1 \times a_2 \times \cdots \times a_n$。我们首先需要求出一组数 k_i，$i = 1$，2，…n，使它们满足 $(k_i \times \dfrac{M}{a_i})$ 除 a_i 时余数是 1。

那么最小正整数解就是：

$$N = (R_1 k_1 \dfrac{M}{a_1} + R_2 k_2 \dfrac{M}{a_2} + R_3 k_3 \dfrac{M}{a_3} + \cdots + R_n k_n \dfrac{M}{a_n}) - PM (P \text{ 是整数})。$$

"这就是现代数论中著名的剩余定理。也被世界上的数学家公称为'中国剩余定理'，以纪念我们的祖先在这方面的卓越的贡献。"

妞妞问："这个公式看上去确实非常美，有一点我不太懂，什么是互素呢？"

"互素就是他们彼此没有公约数(除了 1 之外)，两两互素就是任何两个数字都没有公约数。只有这样才能保证公式的正确。妞妞能不能够用这个公式完成下面的一个题目呢？"爸爸交给妞妞一张纸，上面有这样一个题目：

有一个数，除 5 余 3，除 7 余 2，除 11 余 7，除 13 余 6，请问这个数最小是多少？

参考文献

1. 刘后一. 算得快. 北京：中国少年儿童出版社，2004.

2. 张景中. 数学家的眼光. 北京：中国少年儿童出版社，2007.

3. 谈祥柏. 好玩的数学. 北京：中国少年儿童出版社，2007.

4.［英］西蒙·辛格. 费马大定理. 薛密，译. 上海：上海译文出版社，2005.

5. 卢开澄. 计算机密码学. 北京：清华大学出版社，1990.

6. 周锡龄. 计算机数据安全原理. 上海：上海交通大学出版社，1987.

7. 曹天元. 上帝掷骰子吗. 沈阳：辽宁教育出版社，2006.

8.［美］保罗·霍夫曼. 阿基米德的报复. 尘土等，译. 北京：中国对外翻译出版社，1997.

9.［美］莫里斯·克莱因. 古今数学思想（四）. 邓东皋等，译. 上海：上海科学技术出版社，2002.

10. 叶永烈，茅以升等. 十万个为什么. 上海：少年儿童出版社，1980.

11.［俄］别莱利曼. 趣味天文学. 滕砥平，唐克，译. 北京：中国青年出版社，2010.

12.［美］达莱尔·哈夫. 统计数字会撒谎. 廖颖林，译. 北京：中国城市出版社，2009.

13.［德］瓦尔特·克莱默. 统计数据的真相. 隋学礼，译. 北京：机械工业出版社，2008.

14.［美］西奥妮·帕帕斯. 发现数学——原来数学这么有趣. 何竖芬，译. 北京：电子工业出版社，2008.

15.［美］西奥妮·帕帕斯. 发现数学——数学还是这么有趣. 李中，译. 北京：电子工业出版社，2008.

16. 易南轩. 数学美拾趣. 北京：科学出版社，2002.

17. 王树禾. 数学聊斋. 北京：科学出版社，2002.

18.［美］保罗·纳欣. 虚数的故事. 朱惠霖，译. 上海：上海教育出版社，2008.

19.［美］理查德·曼凯维奇. 数学的故事. 冯速等，译. 海口：海南出版社，2009.

20.［美］西奥妮·帕帕斯. 数学丑闻——光环下的阴影. 涂泓，译. 上海：上海科技教育出版社，2008.

21.［加］马克·麦克卡森. 终极理论. 伍义生等，译. 重庆：重庆出版社，2009.

22.［美］卡尔·萨根. 神秘的宇宙. 周秋麟等，译. 天津：天津社会科学院出版社，2008.

23.［美］马里奥·利维奥. 无法解出的方程. 王志标，译. 长沙：湖南科学技术出版社，2009.

24.［美］加来道雄. 平行宇宙. 伍义生，包新周，译. 重庆：重庆出版社，2008.

25.［美］亚瑟·本杰明，迈克尔·谢尔默. 生活中的魔法数学. 李旭大，译. 北京：中国传媒大学出版社，2007.

附　录

希尔伯特问题

在 1900 年 8 月巴黎国际数学家代表大会上，著名数学大师希尔伯特发表了题为《数学问题》的著名讲演。他根据过去特别是十九世纪数学研究的成果和发展趋势，提出了 23 个最重要的数学问题。这 23 个问题通称希尔伯特问题，后来成为许多数学家力图攻克的难关，对现代数学的研究和发展产生了深刻的影响，并起了积极的推动作用。希尔伯特问题中有些现已得到圆满解决，有些至今仍未解决。

希尔伯特在这次著名的讲演中所阐述的每个数学问题都可以解决的乐观信念，对于数学工作者是一种巨大的鼓舞。

希尔伯特的 23 个问题分属四大块：第 1 到第 6 个问题是数学基础问题；第 7 到第 12 个问题属数论范畴；第 13 到第 18 个问题属于代数和几何范畴；第 19 到第 23 个问题属于数学分析范畴。

（1）康托的连续统基数问题。

1874 年，康托猜测在可数集基数和实数集基数之间没有别的基数，即著名的连续统假设。

1938 年，侨居美国的奥地利数理逻辑学家哥德尔证明了连续统假设与 ZF 集合论公理系统的无矛盾性。

1963 年，美国数学家科思证明连续统假设与 ZF 公理彼此独立。因而，连续统假设不能用 ZF 公理加以证明。在这个意义下，问题已获解决。

（2）算术公理系统的无矛盾性。

欧氏几何的无矛盾性可以归结为算术公理的无矛盾性。希尔伯特曾提出

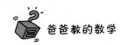
用形式主义计划的证明论方法加以证明。

哥德尔 1931 年发表不完备性定理做出否定。

根茨 1936 年使用超限归纳法证明了算术公理系统的无矛盾性。

(3)只根据合同公理证明等底等高的两个四面体有相等的体积是不可能的。

问题的意思是：存在两个等高等底的四面体，它们不可能分解为有限个小四面体，使这两组四面体彼此全等。

德思 1900 年已解决。

(4)两点间以直线为距离最短线问题。

此问题提的一般。满足此性质的几何很多，因而需要加以某些限制条件。

1973 年，苏联数学家波格列洛夫宣布，在对称距离情况下，问题获得解决。

(5)拓扑学成为李群的条件(拓扑群)。

这一个问题简称连续群的解析性，即是否每一个局部欧氏群都一定是李群。

1952 年，由格里森、蒙哥马利、齐宾共同解决。

1953 年，日本的山迈英彦已得到完全肯定的结果。

(6)对数学起重要作用的物理学的公理化。

1933 年，苏联数学家柯尔莫哥洛夫将概率论公理化。后来，在量子力学、量子场论方面取得成功。

对物理学各个分支能否全盘公理化，很多人存有怀疑。

(7)某些数的超越性的证明。

需证：如果 α 是代数数，β 是无理数的代数数，那么 $\alpha\beta$ 一定是超越数或至少是无理数(例如，$\sqrt[2]{2}$ 和 eπ)。

苏联的盖尔封特在 1929 年、德国的施奈德及西格尔在 1935 年分别独立地证明了其正确性，但超越数理论还远未完成。

目前，确定所给的数是否超越数，尚无统一的方法。

(8)素数分布问题，尤其是黎曼猜想、哥德巴赫猜想和孪生素数问题。

素数是一个很古老的研究领域。希尔伯特在此提到黎曼猜想、哥德巴赫猜想以及孪生素数问题。黎曼猜想至今未解决。哥德巴赫猜想和孪生素数问题目前也未最终解决，其最佳结果均属中国数学家陈景润。

(9)一般互反律在任意数域中的证明。

1921 年由日本的高木贞治，1927 年由德国的阿廷各自给以基本解决。

类域理论至今还在发展之中。

(10)能否通过有限步骤来判定不定方程是否存在有理整数解？

求出一个整数系数方程的整数根，称为丢番图方程可解。费马大定理是其中最著名的一个。

1950 年前后，美国数学家戴维斯、普特南、罗宾逊等取得了关键性的突破。

1970 年，巴克尔、费罗斯对含两个未知数的方程取得肯定结论。

1970 年，苏联数学家马蒂塞维奇最终证明：在一般情况下答案是否定的。

尽管得出了否定的结果，却产生了一系列很有价值的副产品，其中不少和计算机科学有密切联系。

(11)一般代数数域内的二次型论。

德国数学家哈塞和西格尔在 20 世纪 20 年代获得重要结果。20 世纪 60 年代，法国数学家魏依取得了新进展。

(12)类域的构成问题。

即将阿贝尔域上的克罗内克定理推广到任意的代数有理域上去。此问题仅有一些零星结果，离彻底解决还很远。

(13)一般七次代数方程以二变量连续函数的组合求解的不可能性。

七次方程 $x^7 + ax^3 + bx^2 + cx + 1 = 0$ 的根依赖于 3 个参数 a、b、c；$x = x(a, b, c)$。这一函数能否用二变量函数表示出来？此问题已接近解决。

1957 年，苏联数学家阿诺尔德证明了任一在〔0，1〕上连续的实函数 $f(x_1, x_2, x_3)$ 可写成 $\sum h_i(\xi_i(x_1, x_2), x_3)(i=1, \cdots, 9)$ 形式，这里 h_i 和 ξ_i 为连续实函数。柯尔莫哥洛夫证明 $f(x_1, x_2, x_3)$ 可写成 $\sum h_i(\xi_{i1}(x_1) + \xi_{i2}(x_2) + \xi_{i3}(x_3))(i=1, \cdots, 7)$ 形式这里 h_i 和 ξ_i 为连续实函数，ξ_{ij} 的选取可与 f 完全无关。

1964 年，维土斯金推广到连续可微情形，对解析函数情形则未解决。

(14)某些完备函数系的有限的证明。

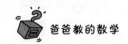
即域 K 上的以 x_1，x_2，$\cdots$，x_n 为自变量的多项式 $f_i(i=1, \cdots, m)$，R 为 $K[x_1, \cdots, x_m]$ 上的有理函数 $F(X_1, \cdots, X_m)$ 构成的环，并且 $F(f_1, \cdots, f_m) \in K[x_1, \cdots, x_m]$ 试问 R 是否可由有限个元素 $F_1, \cdots, F_N$ 的多项式生成？这个与代数不变量问题有关的问题，日本数学家永田雅宜于 1959 年用漂亮的反例给出了否定的解决。

(15)建立代数几何学的基础。

荷兰数学家范德瓦尔登 1938 年至 1940 年在此方面有重大贡献，魏依 1950 年已解决。

(16)代数曲线和曲面的拓扑研究。

此问题前半部分涉及代数曲线含有闭的分枝曲线的最大数目。后半部分要求讨论备 $\dfrac{\mathrm{d}x}{\mathrm{d}y}=\dfrac{Y}{X}$ 的极限环的最多个数 $N(n)$ 和相对位置，其中 X、Y 是 x、y 的 n 次多项式。对 $n=2$(二次系统)的情况，1934 年福罗献尔得到 $N(2) \geqslant 1$；1952 年鲍廷得到 $N(2) \geqslant 3$；1955 年苏联的波德洛夫斯基宣布 $N(2) \leqslant 3$，这个曾震动一时的结果，由于其中的若干引理被否定而成为疑问。

关于相对位置，中国数学家董金柱、叶彦谦 1957 年证明了 (E_2) 不超过两串。1957 年，中国数学家秦元勋和蒲富金具体给出了 $n=2$ 的方程具有至少 3 个成串极限环的实例。1978 年，中国的史松龄在秦元勋、华罗庚的指导下，与王明淑分别举出至少有 4 个极限环的具体例子。1983 年，秦元勋进一步证明了二次系统最多有 4 个极限环，并且是(1,3)结构，从而最终地解决了二次微分方程的解的结构问题，并为研究希尔伯特第 16 个问题提供了新的途径。

(17)半正定形式的平方和表示。

实系数有理函数 $f(x_1, \cdots, x_n)$ 对任意数组 $(x_1, \cdots, x_n)$ 都恒大于或等于 0，确定 f 是否都能写成有理函数的平方和？1927 年阿廷已肯定地解决。

(18)用全等多面体构造空间。

德国数学家比贝尔巴赫 1910 年、莱因哈特 1928 年部分解决。

(19)正则变分问题的解是否总是解析函数？

德国数学家伯恩斯坦和苏联数学家彼德罗夫斯基已解决。

(20)研究一般边值问题。

此问题进展迅速，已成为一个很大的数学分支。目前还在继续发展。

(21)具有给定奇点和单值群的 Fuchs 类的线性微分方程解的存在性证明。

此问题属于线性常微分方程的大范围理论。希尔伯特本人于 1905 年、勒尔于 1957 年分别得出重要结果。1970 年法国数学家德利涅做出了出色贡献。

(22)用自守函数将解析函数单值化。

此问题涉及艰深的黎曼曲面理论，1907 年克伯对一个变量情形的解决使问题的研究获得重要突破。其他方面尚未解决。

(23)发展变分学方法的研究。

这不是一个明确的数学问题。20 世纪变分法有了很大发展。

后　记

女儿一天天长大，繁忙的爸爸总希望能为自己的孩子多做些事情。爸爸毕业于北京大学数学系，今年是本科毕业二十九周年。在老同学聚会的时候，大家常常谈起孩子的教育，大多焦虑和不满。

国内孩子从小学开始就要上奥数、考英语等级证书。那些原本该是高年级学生才学习的知识，在中考和高考的指挥棒下，一股脑地堆到了小学生的面前。于是大规模长时间的题海战术，难题怪题，使孩子们的学习积极性被大大挫伤，学习繁重的程度远远超出了应该有的范围。

缺少了游戏、没有了天真，知识变成了毫无生机的死记硬背，更看不见创造的激情，作为父母，我们的忧虑难以名状。这一代独生子女在丰富的物质条件下，承受着过多的压力和希望，他们本应该过得更加快乐、更加健康。

教育机构应该对此负责任。很多教师们把教师仅仅当作一个职业，并不关心孩子们一生的成长，仅仅是保证自己班上的孩子这几年考分能够超过别的班就算成功。为了几个超级神童的培养，不惜牺牲大多数孩子的利益，急功近利、拔苗助长，为考试而考试。

我总觉得知识的传授不是第一位重要的，尤其是当今大学前的教育，这一点对中小学教师们更具现实意义。培养孩子们的兴趣、教给他们学习的方法和科学的思维才是教育的根本。这本书就是在这些考虑的前提下写成的，当然最直接的动机还是出自对孩子的爱，不仅仅是对我的孩子，不仅仅是对我大学同学们的孩子，更是对天下所有的孩子！

我希望父母们能给孩子读这本书，希望孩子们能通过阅读这本书，了解到用数学的眼光来看世界的时候有多么有趣！多么奇妙！让孩子们能初步接触到数学家们对于数学问题的思考方式，也希望这些思维的训练能够为他们的未来事业打下一个好的基础。

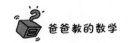

本书适合小学高年级和初中以上的学生。文章都不长，而且都是对话的形式，阅读起来不困难。就算是有些概念或演算一下子看不懂，也没有关系。让孩子们获得乐趣、理解其中的道理就是成功。

这本书的写作，首先要感谢我的家人，家人的支持和喜爱是我写作最根本的动力。几乎书中提及的每一件事都是我和我的孩子一起经历的，每一节文字写好后都是先给我的孩子看的。她的喜爱或厌恶都是我珍贵的指导。

这本书的写作，时间上断断续续持续了近八年，孩子从小学五年级的懵懂小女生，慢慢变成了亭亭玉立的高中三年级的大孩子。期间文字上比较集中的大幅修改有四次。有许多为人父母的朋友和为人子女的孩子们看了这本书的电子稿后，给了我许多有益的反馈，给我鼓励，让我心存感激。

我要感谢北京大学给我的自由肥沃的成长环境和先进科学的思想教育，我在美丽的燕园度过了人生最重要的七年，形成的积极严谨的精神让我一生受用。

我还要感谢北京大学数学系八三级的同学们。这么多年过去了，我们依旧相亲相爱，亲密无间。没有你们的智慧和鼓励，这本书或许是另外一个样子。

欢迎访问我的博客：http//blog.sina.com.cn/alfredyhxie，如果有任何的建议，也欢迎您写信发送到我的邮箱 alfredyhxie@126.com。

谢永红
2016 年 5 月
北京海淀美丽园

一位妈妈读者的话

最初见到这本书的初稿，大概是七八年前吧。那次去北京出差，老谢说请我吃饭，席间神秘兮兮的拿出一本还算精美的影印书说："这是我给女儿写的数学书，你有兴趣就翻翻吧。"老谢能给女儿写本数学书出来，说实话我一点都不惊讶，一来他是北京大学数学系的本硕连读生，数学功底在那儿，另一方面他对女儿妞妞细致入微的爱，也一直是被我们津津乐道的。拿到书粗粗翻了下，果然他把看似枯燥抽象的数学问题，写得那么妙趣横生却又严谨翔实，确实也就老谢可以做到。不过，那会儿我女儿还小，所以这本书被我翻过之后也就束之高阁了。等她到了小学三四年级，说来惭愧，我这当妈的虽然也是数学系毕业，但是想让女儿体会到数学之美，爱上数学，却有点力不从心。这时候我又想到了这本书，就抱着试试看的想法跟女儿一起共读，结果是出乎意料的好，女儿不仅很喜欢，而且她思考数学问题的方式和逻辑，开始有那么点味道了，貌似正缓缓地推开那扇神秘的数学之门，小小的身影被里面透出的光芒照亮。欣喜之余，我强烈建议老谢把这本书出版，把他推荐给北京师范大学出版社的策划谢影老师，没想到他们一拍即合。其实数学成绩只是一个方面，能体会到数学之美，是多少人梦寐以求的事情啊。于是，就有了这本书，希望本书能让更多的孩子受益。

2016.6 于深圳

童　婕